できたよ★シート

なまえ

べんきょうが おわった ページの ばんごうに
「できたよシール」を はろう!

1 2 3 4

9 8 7 6 5

その ちょうし!

10 ＼さんすうパズル／ 11 12 13 14

のこり
はんぶん!

19 18 17 16 15

＼さんすうパズル／ 20 21 22 23 24 25

30 29 28 27 26

31 32 33 34 35

＼まとめテスト／ 37 ＼さんすう 3

やりきれるから自信がつく！

1日1枚の勉強で，学習習慣が定着！

◎目標時間に合わせ，無理のない量の問題数で構成されているので，「1日1枚」やりきることができます。

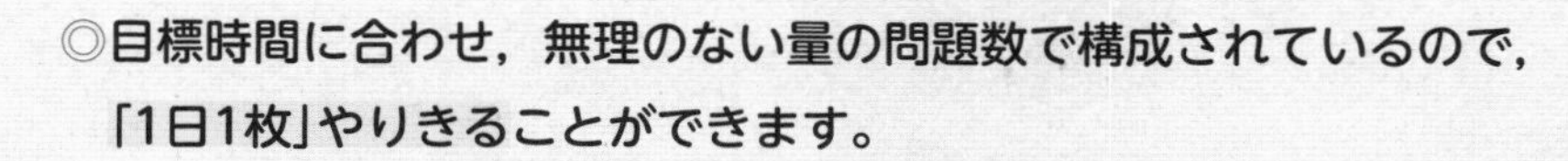

◎解説が丁寧なので，まだ学校で習っていない内容でも勉強を進めることができます。

すべての学習の土台となる「基礎力」が身につく！

◎スモールステップで構成され，1冊の中でも繰り返し練習していくので，確実に「基礎力」を身につけることができます。「基礎」が身につくことで，発展的な内容に進むことができるのです。

◎教科書に沿っているので，授業の進度に合わせて使うこともできます。

勉強管理アプリの活用で，楽しく勉強できる！

◎設定した勉強時間にアラームが鳴るので，学習習慣がしっかりと身につきます。

◎時間や点数などを登録していくと，成績がグラフ化されたり，賞状をもらえたりするので，　達成感を得られます。

◎勉強をがんばると，キャラクターとコミュニケーションを取ることができるので，　日々のモチベーションが上がります。

学研 毎日のドリルの使い方

1 1日1枚，集中して解きましょう。

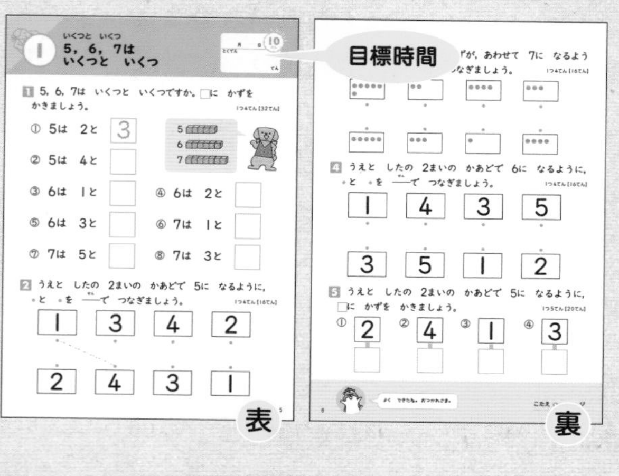

◎1回分は，1枚（表と裏）です。

1枚ずつはがして使うこともできます。

◎目標時間を意識して解きましょう。

アプリのストップウォッチなどで，かかった時間を計るとよいでしょう。

・巻末の「まとめテスト」で，この本の内容が身についたかを確認できます。

2 おうちの方に，答え合わせをしてもらいましょう。

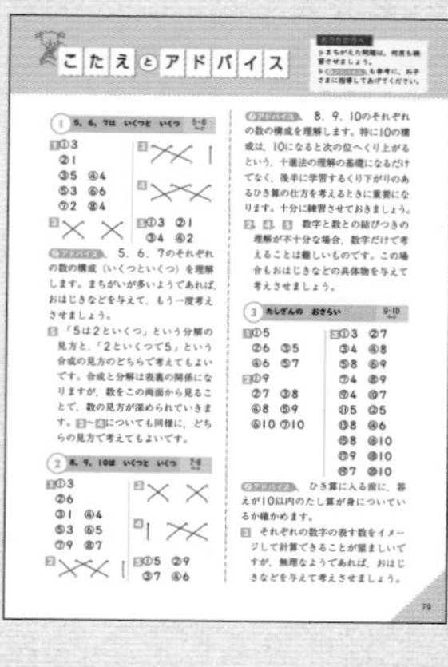

・本の最後に，「こたえとアドバイス」があります。

・答え合わせをして，点数をつけてもらいましょう。

3 「できたよシート」に，「できたよシール」をはりましょう。

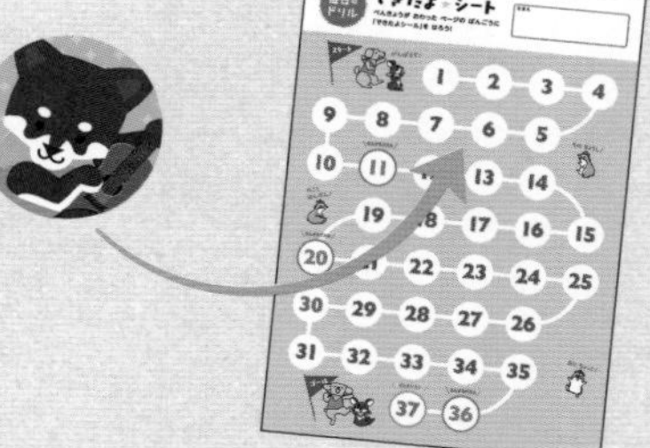

・勉強した回の番号に，好きなシールをはりましょう。

4 アプリに得点を登録しましょう。

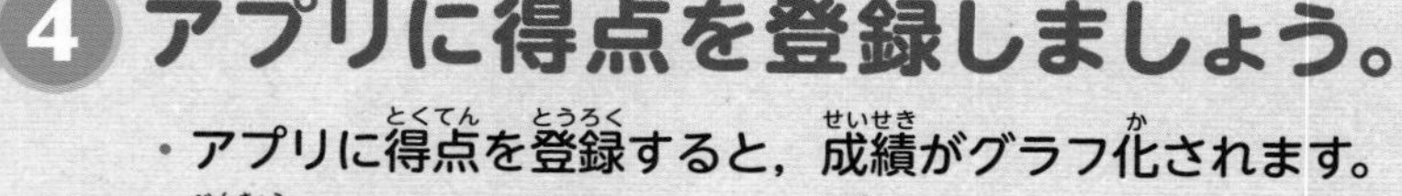

・アプリに得点を登録すると，成績がグラフ化されます。

・勉強すると，キャラクターが育ちます。

無料ダウンロード
毎日のドリル
勉強管理アプリ
アプリといっしょだと，ドリルが楽しく進む!?
コンコン
今日の分の毎ドリ終わった？
今やってるところー
うそはいけないっきゅ！
わっ!?
だれ!?
どこから来たの!?
キミの毎ドリが進むようにすばらしいものを持ってきたっきゅ
なになに？
とりあえずやってみるっきゅ
ストップウォッチスタート!!
おっ！
時間をはかってくれるんだ！
よーしっ!!
できた――っ!!
いつもよりどんどん解けた気がする！
時間を意識してるから集中できるんだっきゅ！
さらに！
得点をアプリに入力するとグラフになるんだ！
すっげー!!
この「1」ってなんだろ？
タッチしてみるっきゅ
ドリーポン
一回終わるごとにぼくがエサを食べられるんだっきゅ
ドリルを進めるとかっこいいわざをおぼえたりすてきな部屋が手に入ったりするよ
よーしっ
あしたもがんばるぞ！
二か月後
よっしゃー！
ドリルが終わったぞ！
一冊やりきったら賞状とメダルがもらえたよ！
賞状
ぼくどの
あなたは、3年「かけ算」をしゅうりょうしましたので、ここにこれをしょうします。たいへん、すばらしいです！
次はどのドリルに挑戦しようかな！

毎日のドリル 勉強管理アプリ

「毎日のドリル」シリーズ専用，スマートフォン・タブレットで使える無料アプリです。
1つのアプリでシリーズすべてを管理でき，学習習慣が楽しく身につきます。

1 「毎日のドリル」の学習を徹底サポート！

毎日の勉強タイムをお知らせする「タイマー」

かかった時間を計る「ストップウォッチ」

勉強した日を記録する「カレンダー」

入力した得点を「グラフ化」

2 キャラクターと楽しく学べる！

好きなキャラクターを選ぶことができます。勉強をがんばるとキャラクターが育ち，「ひみつ」や「ワザ」が増えます。

3 1冊終わると，ごほうびがもらえる！

ドリルが1冊終わるごとに，賞状やメダル，称号がもらえます。

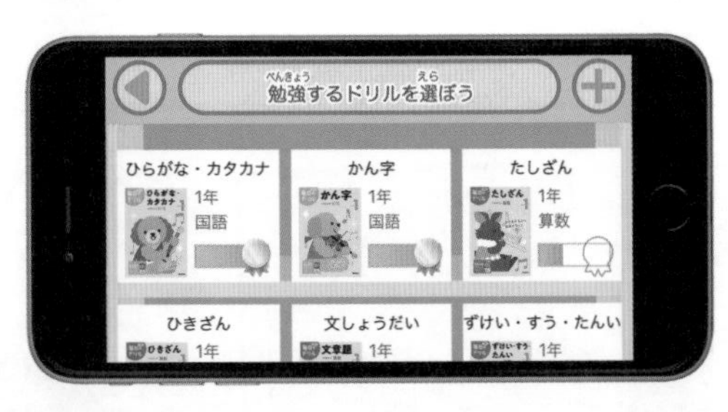

4 漢字と英単語のゲームにチャレンジ！

ゲームで，どこでも手軽に，楽しく勉強できます。漢字は学年別，英単語はレベル別に構成されており，ドリルで勉強した内容の確認にもなります。

アプリの無料ダウンロードはこちらから！

https://gakken-ep.jp/extra/maidori/

【推奨環境】
■ 各種Android端末：対応OS Android6.0以上　※対応OSであっても，Intel CPU（x86 Atom）搭載の端末では正しく動作しない場合があります。
■ 各種iOS（iPadOS）端末：対応OS iOS10以上　※対応OS や対応機種については，各ストアでご確認ください。
※お客様のネット環境および携帯端末によりアプリをご利用できない場合，当社は責任を負いかねます。
また，事前の予告なく，サービスの提供を中止する場合があります。ご理解，ご了承いただきますよう，お願いいたします。

いくつと　いくつ

1 5，6，7は いくつと　いくつ

月　　日　10ぷん

とくてん　　　　てん

1 5，6，7は　いくつと　いくつですか。□に　かずを　かきましょう。

1つ4てん【32てん】

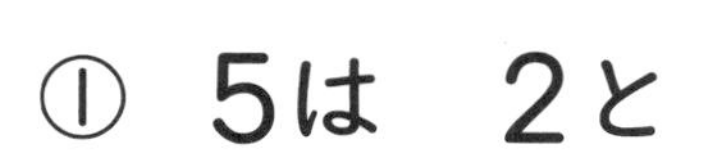
① 5は　2と 

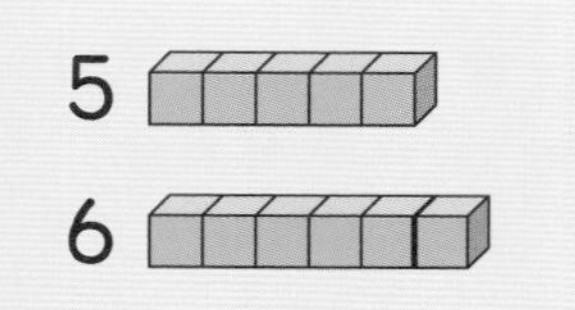

② 5は　4と □

③ 6は　1と □

④ 6は　2と 

⑤ 6は　3と 

⑥ 7は　1と 

⑦ 7は　5と 

⑧ 7は　3と 

2 うえと　したの　2まいの　かあどで　5に　なるように，●と　●を　——（せん）で　つなぎましょう。

1つ4てん【16てん】

1	3	4	2
2	4	3	1

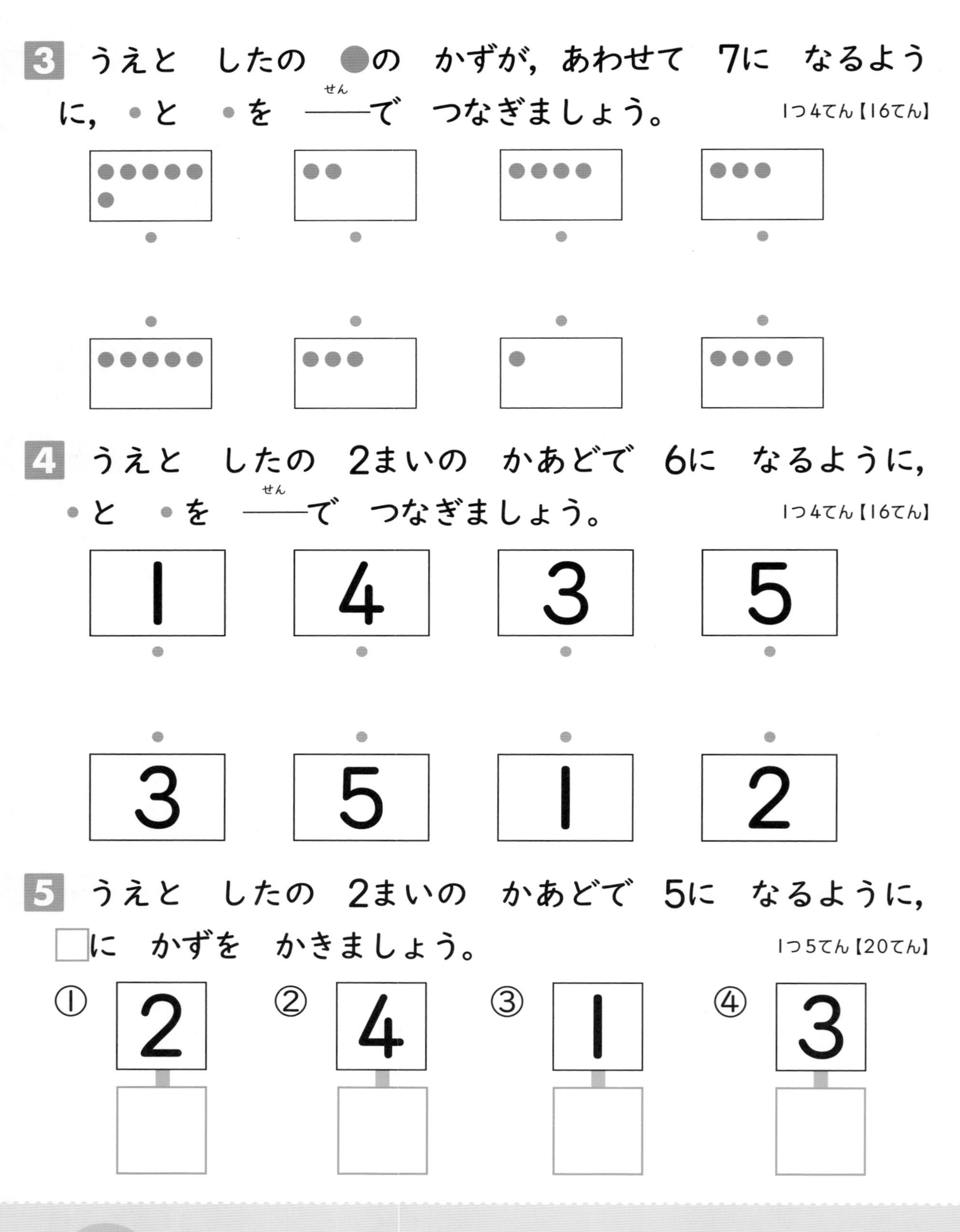

3 うえと　したの　●の　かずが，あわせて　7に　なるように，●と　●を　——(せん)で　つなぎましょう。　1つ4てん【16てん】

4 うえと　したの　2まいの　かあどで　6に　なるように，●と　●を　——(せん)で　つなぎましょう。　1つ4てん【16てん】

5 うえと　したの　2まいの　かあどで　5に　なるように，□に　かずを　かきましょう。　1つ5てん【20てん】

① 2
② 4
③ 1
④ 3

よく　できたね。おつかれさま。

こたえ ▶ 79ページ

2 いくつと いくつ
8，9，10は いくつと いくつ

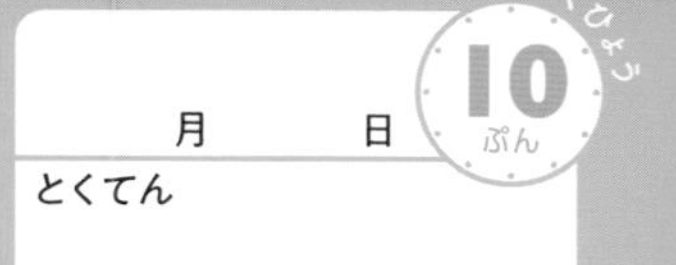

1 8，9，10は いくつと いくつですか。□に かずを かきましょう。　1つ3てん【24てん】

① 8は 5と 

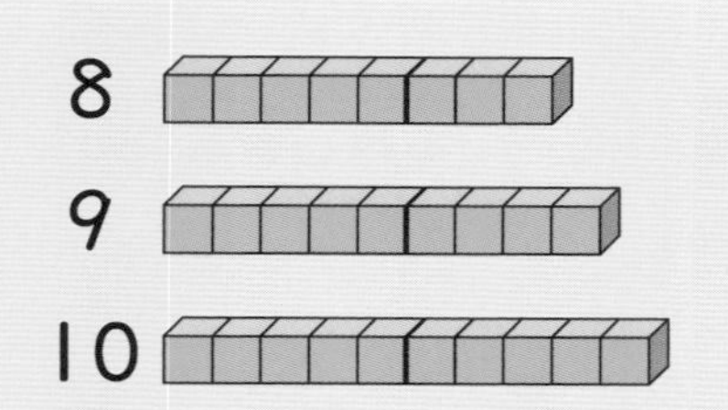

② 8は 2と □

③ 9は 8と 　④ 9は 5と 

⑤ 9は 6と 　⑥ 10は 5と 

⑦ 10は 1と 　⑧ 10は 3と 

2 うえと したの 2まいの かあどで 10に なるように，•と •を 線（せん）で つなぎましょう。　1つ4てん【20てん】

8	 6	9	7	5
•	•	•	•	•
•	•	•	•	•
1	2	3	4	5

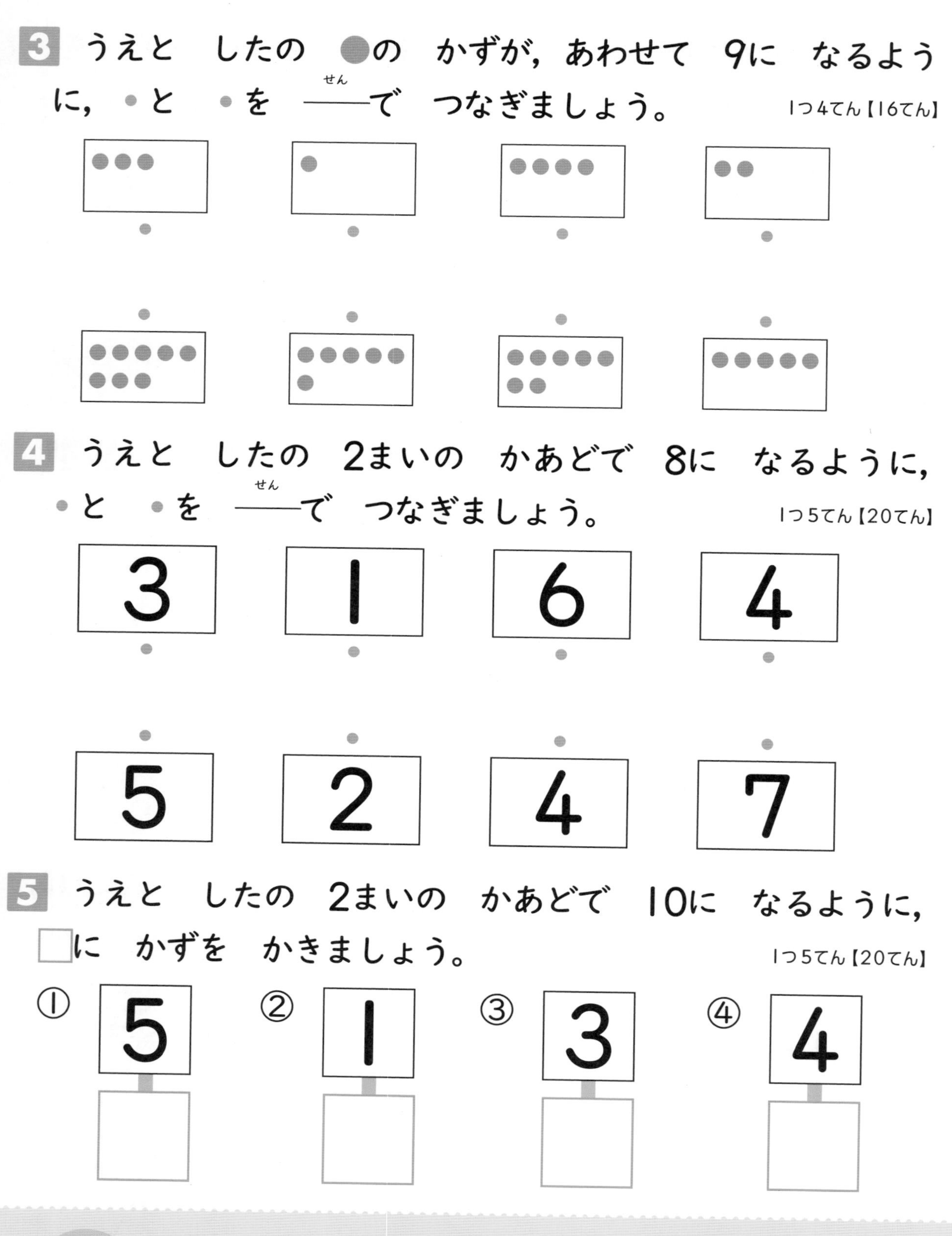

3 うえと　したの　●の　かずが，あわせて　9に　なるように，●と　●を　—（せん）で　つなぎましょう。　1つ4てん【16てん】

4 うえと　したの　2まいの　かあどで　8に　なるように，●と　●を　—（せん）で　つなぎましょう。　1つ5てん【20てん】

3　1　6　4

5　2　4　7

5 うえと　したの　2まいの　かあどで　10に　なるように，□に　かずを　かきましょう。　1つ5てん【20てん】

① 5　② 1　③ 3　④ 4

じょうずに　かずを　わけられたね。

こたえ ▷ 79ページ

3 いくつと いくつ たしざんの おさらい

1 を みて，たしざんを しましょう。 1つ3てん【15てん】

① 3 ＋ 2 ＝ □

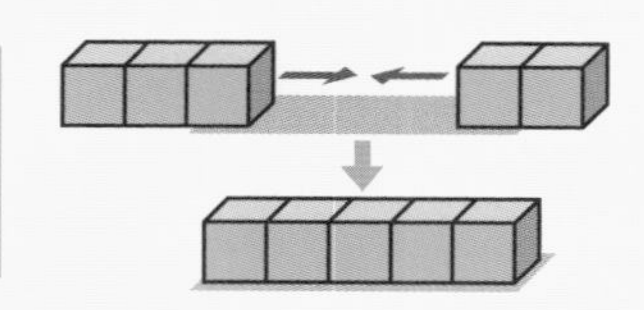

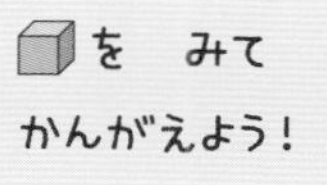

② 5 ＋ 1 ＝ □

③ 1 ＋ 4 ＝ □

④ 3 ＋ 3 ＝ □

⑤ 2 ＋ 5 ＝ □

2 を みて，たしざんを しましょう。 1つ3てん【21てん】

① 7 ＋ 2 ＝ □

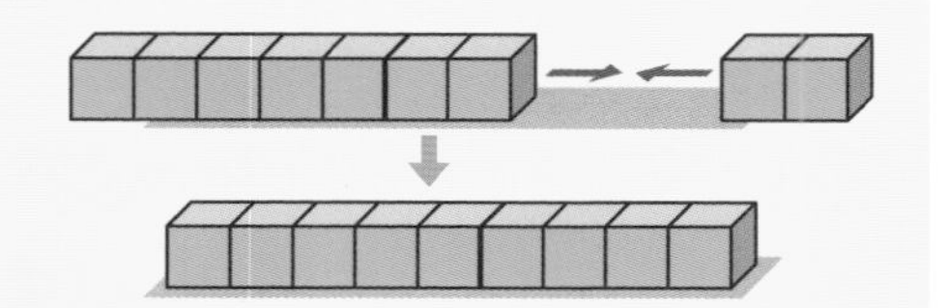

② 1 ＋ 6 ＝ □

③ 6 ＋ 2 ＝ □

④ 7 ＋ 1 ＝ □

⑤ 1 ＋ 8 ＝ □

⑥ 7 ＋ 3 ＝ □

⑦ 2 ＋ 8 ＝ □

3 たしざんを　しましょう。

①～⑯1つ3てん，⑰～⑳1つ4てん【64てん】

① $2+1=$ □

② $5+2=$ □

③ $3+1=$ □

④ $3+5=$ □

⑤ $4+4=$ □

⑥ $5+4=$ □

⑦ $2+2=$ □

⑧ $2+7=$ □

⑨ $1+3=$ □

⑩ $6+1=$ □

⑪ $4+1=$ □

⑫ $2+3=$ □

⑬ $1+7=$ □

⑭ $4+2=$ □

⑮ $2+6=$ □

⑯ $5+5=$ □

⑰ $6+3=$ □

⑱ $8+2=$ □

⑲ $3+4=$ □

⑳ $4+6=$ □

たしざんが　できたね。すごい！

こたえ ▷ 79ページ

月　　日
とくてん
てん

4 ひきざん (1)
ひきざんの　しかた①

1 を　みて，ひきざんを　しましょう。　1つ3てん【21てん】

① 5 － 3 ＝ □
5　ひく　3　は　2

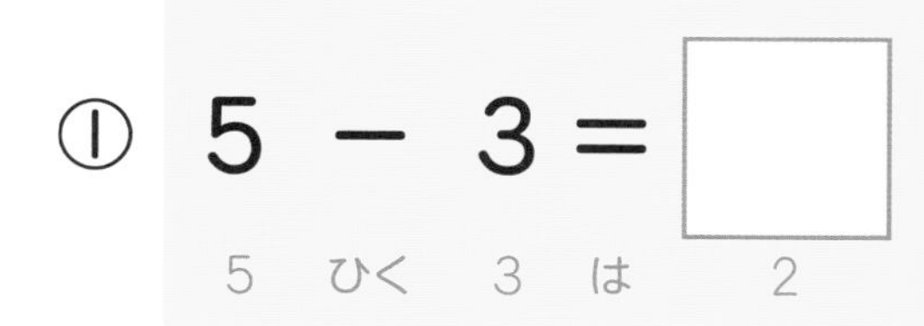
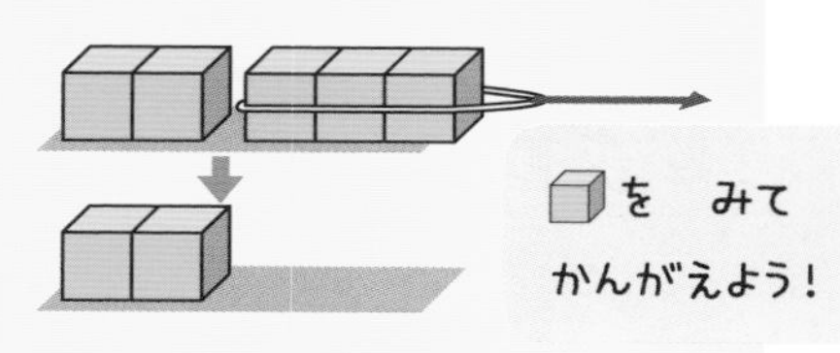

② 5 － 2 ＝ □

③ 4 － 2 ＝ □

④ 5 － 1 ＝ □

⑤ 3 － 2 ＝ □

⑥ 4 － 3 ＝ □

⑦ 5 － 4 ＝ □

2 を　みて，ひきざんを　しましょう。　1つ3てん【15てん】

① 8 － 3 ＝ □
8　ひく　3　は　5

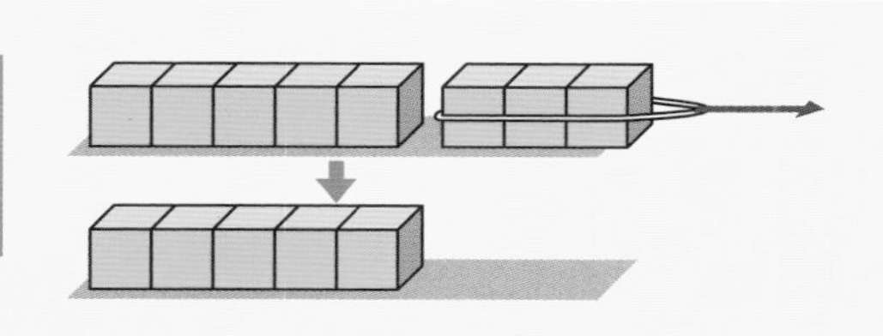

② 7 － 2 ＝ □

③ 8 － 5 ＝ □

④ 6 － 1 ＝ □

⑤ 7 － 5 ＝ □

3 ひきざんを　しましょう。

1つ4てん【32てん】

① $4-1=$ □

② $2-1=$ □

③ $5-2=$ □

④ $4-3=$ □

⑤ $3-1=$ □

⑥ $5-3=$ □

⑦ $4-2=$ □

⑧ $5-1=$ □

4 ひきざんを　しましょう。

1つ4てん【32てん】

① $7-2=$ □

② $9-5=$ □

③ $6-1=$ □

④ $8-3=$ □

⑤ $7-5=$ □

⑥ $9-4=$ □

⑦ $6-5=$ □

⑧ $8-5=$ □

これから，ひきざんを　がんばろうね！

こたえ ▶ 80ページ

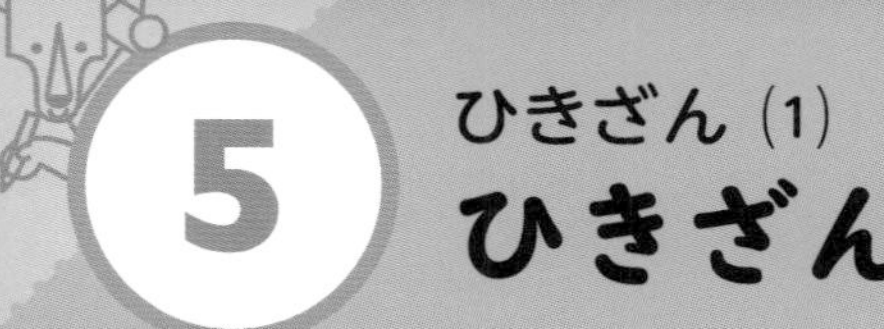

ひきざん (1)

5 ひきざんの　しかた②

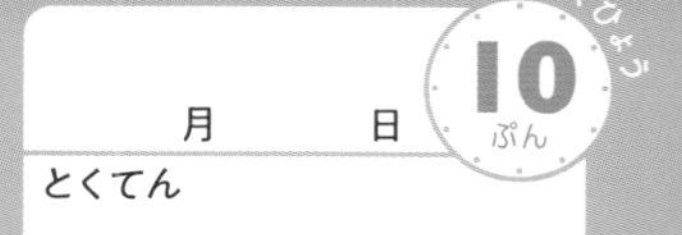

1 を　みて，ひきざんを　しましょう。

1つ3てん【15てん】

① 8 － 2 = □

8　ひく　2　は　6

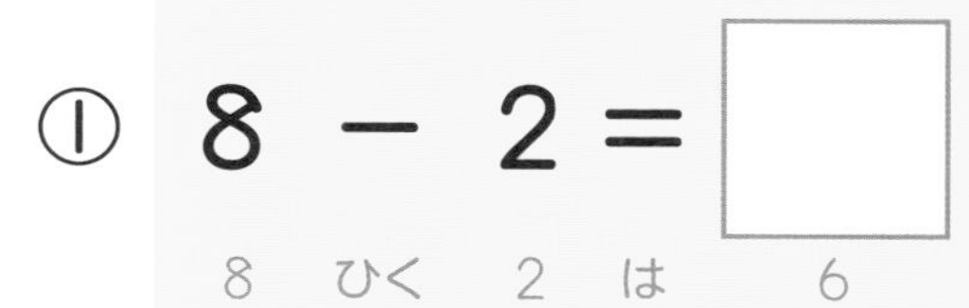

② 9 － 2 = □

③ 8 － 1 = □

④ 9 － 1 = □

⑤ 7 － 1 = □

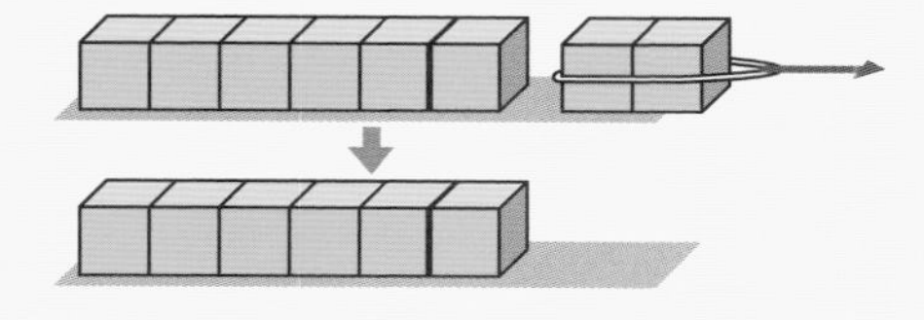

2 を　みて，ひきざんを　しましょう。

1つ4てん【24てん】

① 6 － 3 = □

6　ひく　3　は　3

② 7 － 3 = □

③ 6 － 4 = □

④ 8 － 4 = □

⑤ 6 － 2 = □

⑥ 7 － 4 = □

この　ちょうしで　がんばって！

3 ひきざんを　しましょう。

①〜③1つ3てん，④〜⑥1つ4てん【21てん】

① $9-3=$ □

② $8-1=$ □

③ $9-1=$ □

④ $7-1=$ □

⑤ $9-2=$ □

⑥ $8-2=$ □

4 ひきざんを　しましょう。

1つ4てん【40てん】

① $6-3=$ □

② $7-4=$ □

③ $6-2=$ □

④ $8-4=$ □

⑤ $7-3=$ □

⑥ $6-4=$ □

⑦ $7-5=$ □

⑧ $8-5=$ □

⑨ $8-3=$ □

⑩ $9-4=$ □

アプリ（あぷり）に，とくてんを　とうろくしよう！

こたえ ▶ 80ページ

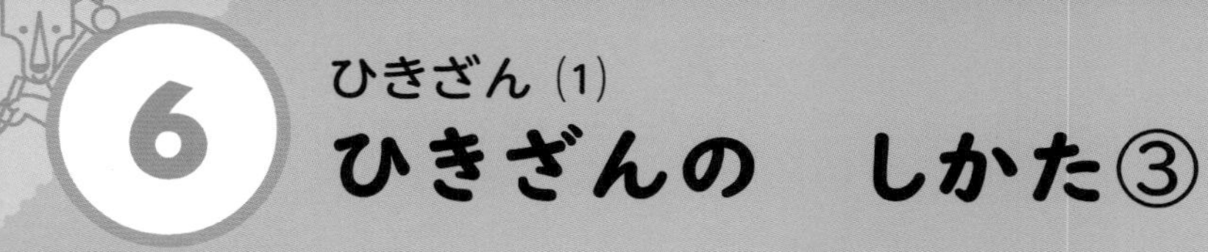

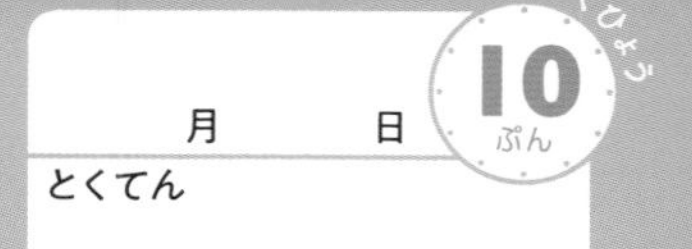

1 を　みて，ひきざんを　しましょう。　1つ3てん【15てん】

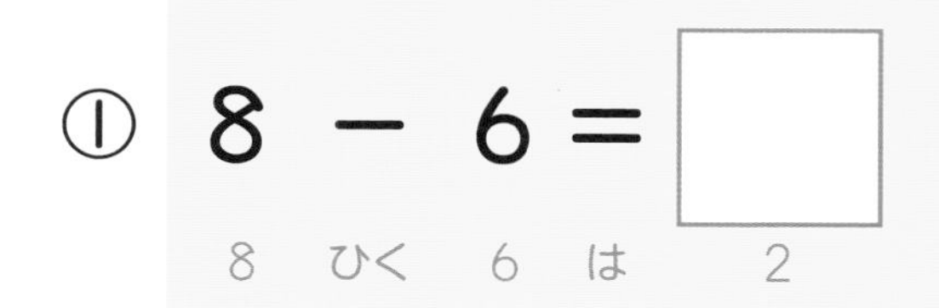

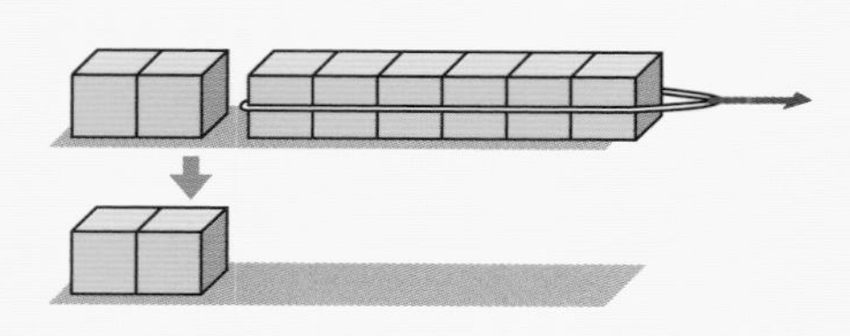

② 9 − 6 = □

③ 8 − 7 = □

④ 9 − 8 = □

⑤ 7 − 6 = □

2 を　みて，ひきざんを　しましょう。　1つ3てん【15てん】

① 10 − 7 = □

10 ひく 7 は 3

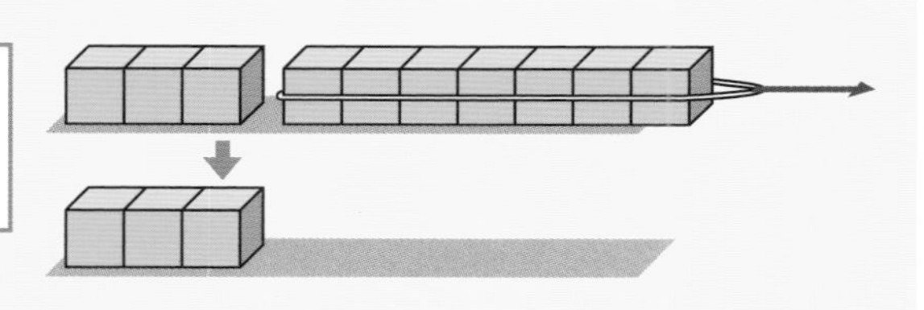

② 10 − 6 = □

③ 10 − 5 = □

④ 10 − 8 = □

⑤ 10 − 4 = □

こたえを
おぼえて　しまう　くらい
れんしゅうしよう！

3 ひきざんを　しましょう。

①，②1つ3てん，③～⑧1つ4てん【30てん】

① $8-7=$ □　　② $9-6=$ □

③ $8-6=$ □　　④ $9-7=$ □

⑤ $7-6=$ □　　⑥ $9-8=$ □

⑦ $6-3=$ □　　⑧ $9-2=$ □

4 ひきざんを　しましょう。

1つ5てん【40てん】

① $10-3=$ □　　② $10-8=$ □

③ $10-5=$ □　　④ $10-1=$ □

⑤ $10-7=$ □　　⑥ $10-2=$ □

⑦ $10-6=$ □　　⑧ $10-9=$ □

10から　ひく　ひきざんも　できたね。

こたえ ▶ 80ページ

7

ひきざん (1)

ひきざんの　れんしゅう①

月　　日

とくてん

てん

10 ぷん

1 ひきざんを　しましょう。　　1つ2てん【16てん】

① $4-1=\square$

② $3-2=\square$

③ $3-1=\square$

④ $5-4=\square$

⑤ $5-3=\square$

⑥ $4-2=\square$

⑦ $5-2=\square$

⑧ $4-3=\square$

2 ひきざんを　しましょう。　　1つ3てん【24てん】

① $7-5=\square$

② $8-3=\square$

③ $6-1=\square$

④ $6-5=\square$

⑤ $9-5=\square$

⑥ $7-2=\square$

⑦ $8-5=\square$

⑧ $9-4=\square$

3 ひきざんを　しましょう。

1つ3てん【24てん】

① 9 − 1 ＝

② 6 − 2 ＝

＝も　きちんと
かいてね。

③ 8 − 1

④ 6 − 4

⑤ 7 − 4

⑥ 9 − 2

⑦ 9 − 3

⑧ 8 − 4

4 ひきざんを　しましょう。

①〜④1つ3てん，⑤〜⑩1つ4てん【36てん】

① 8 − 6

② 10 − 4

③ 9 − 8

④ 10 − 8

⑤ 10 − 6

⑥ 7 − 6

⑦ 8 − 7

⑧ 10 − 5

⑨ 9 − 6

⑩ 10 − 3

ひきざんは　おもしろいね。

こたえ ▶ 80ページ

8

ひきざん (1)

ひきざんの　れんしゅう②

月　　日

とくてん

てん

10 ぷん

1 ひきざんを　しましょう。

1つ2てん【16てん】

① $3 - 2 =$ □　② $7 - 5 =$ □

③ $2 - 1 =$ □　④ $5 - 3 =$ □

⑤ $9 - 4 =$ □　⑥ $8 - 3 =$ □

⑦ $4 - 3 =$ □　⑧ $6 - 1 =$ □

2 ひきざんを　しましょう。

1つ2てん【16てん】

① $6 - 3 =$ □　② $10 - 4 =$ □

③ $9 - 7 =$ □　④ $8 - 2 =$ □

⑤ $10 - 9 =$ □　⑥ $7 - 3 =$ □

⑦ $8 - 7 =$ □

⑧ $10 - 7 =$ □

まちがえた
ひきざんは
やりなおそうね。

3 ひきざんを　しましょう。

①〜④1つ2てん，⑤〜㉔1つ3てん【68てん】

① $5-2$　② $6-5$

③ $4-1$　④ $7-2$

⑤ $8-5$　⑥ $6-2$

⑦ $9-3$　⑧ $7-4$

⑨ $7-1$　⑩ $10-8$

⑪ $5-4$　⑫ $9-2$

⑬ $8-1$　⑭ $9-5$

⑮ $10-1$　⑯ $8-6$

⑰ $7-6$　⑱ $9-8$

⑲ $6-4$　⑳ $10-6$

㉑ $9-6$　㉒ $8-4$

㉓ $9-1$　㉔ $10-2$

はい，よく　がんばりました！

こたえ ▶ 81ページ

9 ひきざん (1)
ひきざんの　れんしゅう③

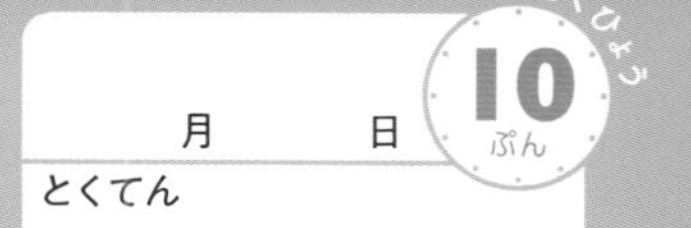

月　　日
とくてん
てん

1 ひきざんを　しましょう。　　1つ2てん【36てん】

① 4 − 2 = □　　② 7 − 1 = □

③ 5 − 3 = □　　④ 2 − 1 = □

⑤ 9 − 4 = □　　⑥ 6 − 5 = □

⑦ 8 − 3 = □　　⑧ 9 − 8 = □

⑨ 6 − 2 = □　　⑩ 9 − 6 = □

⑪ 9 − 5 = □　　⑫ 8 − 4 = □

⑬ 10 − 1 = □　　⑭ 10 − 5 = □

⑮ 7 − 3 = □　　⑯ 9 − 2 = □

⑰ 10 − 4 = □

⑱ 10 − 9 = □

この　ちょうしで
うらも
がんばって！

2 ひきざんを　しましょう。

①～⑧1つ2てん，⑨～㉔1つ3てん【64てん】

① $3-2$　② $4-3$

③ $7-2$　④ $6-1$

⑤ $9-3$　⑥ $8-2$

⑦ $7-5$　⑧ $5-4$

⑨ $3-1$　⑩ $10-2$

⑪ $8-1$　⑫ $5-2$

⑬ $9-7$　⑭ $4-1$

⑮ $8-5$　⑯ $10-3$

⑰ $6-3$　⑱ $8-6$

⑲ $9-1$　⑳ $7-4$

㉑ $10-6$　㉒ $5-1$

㉓ $8-7$　㉔ $10-8$

よく　がんばったね。えらいよ。

こたえ ▶ 81ページ

10 ひきざん (1)
ひきざんの　れんしゅう④

月　日　とくてん　てん　10ぷん

1 ひきざんを　しましょう。　1つ2てん【36てん】

① 9 − 2 = □

② 6 − 1 = □

③ 7 − 5 = □

④ 8 − 2 = □

⑤ 5 − 4 = □

⑥ 9 − 3 = □

⑦ 8 − 1 = □

⑧ 4 − 2 = □

⑨ 6 − 2 = □

⑩ 7 − 1 = □

⑪ 9 − 4 = □

⑫ 5 − 1 = □

⑬ 7 − 4 = □

⑭ 8 − 6 = □

⑮ 9 − 7 = □

⑯ 6 − 3 = □

⑰ 10 − 8 = □

⑱ 10 − 4 = □

あわてずに
けいさんしよう！

2 ひきざんを　しましょう。

①〜⑧1つ2てん，⑨〜㉔1つ3てん【64てん】

① 9 − 6	② 10 − 1
③ 8 − 7	④ 2 − 1
⑤ 6 − 5	⑥ 3 − 1
⑦ 5 − 3	⑧ 9 − 5
⑨ 4 − 3	⑩ 9 − 1
⑪ 3 − 2	⑫ 8 − 5
⑬ 7 − 2	⑭ 9 − 8
⑮ 4 − 1	⑯ 10 − 3
⑰ 10 − 6	⑱ 7 − 3
⑲ 8 − 3	⑳ 6 − 4
㉑ 7 − 6	㉒ 10 − 9
㉓ 10 − 7	㉔ 9 − 2

よく　できました。つぎは　パズル(ぱずる)だよ。

こたえ ▶ 81ページ

［ひきざんで　しよう］

1 したの　えで，ひきざんの　こたえが　3の　ところに　あおいろを，4の　ところに　ちゃいろを，5の　ところに　あかいろを　ぬりましょう。なにが　でて　くるかな。

2 ひきざんを　して，こたえと　おなじ　すうじの　ところを　とおって，したまで　めいろを　すすみましょう。

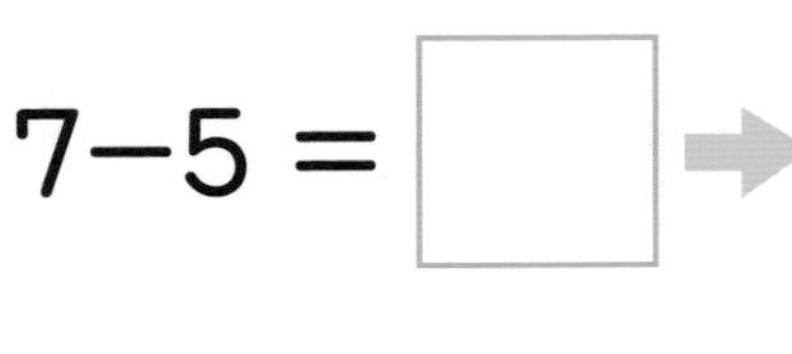

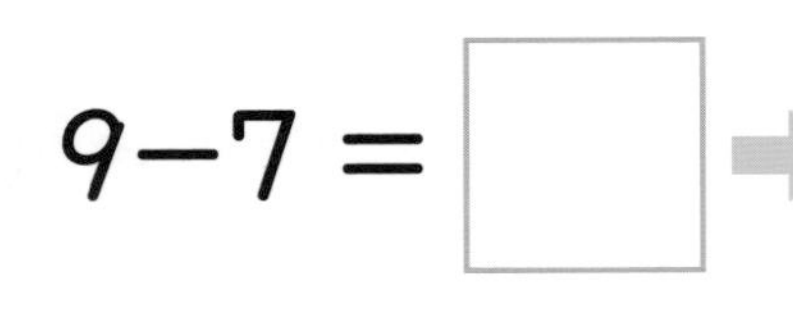

6−3 = □

8−3 = □

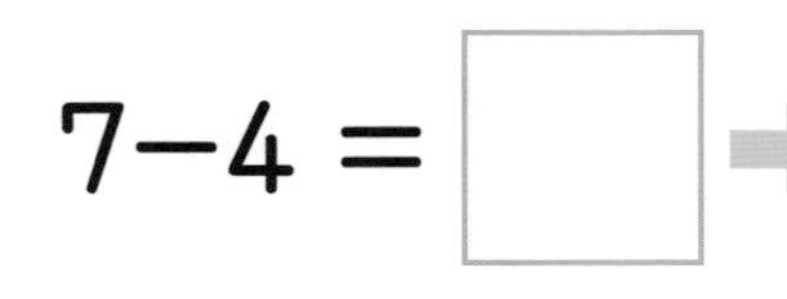

5−2 = □

4　3　1　2

こたえ ▶ 81ページ

0の　けいさんの　しかた

月　　日

とくてん

てん

10ぷん

1 りんごは，あわせて　いくつですか。

1つ4てん【12てん】

ひとつも　ない
ときは　0だね。

① 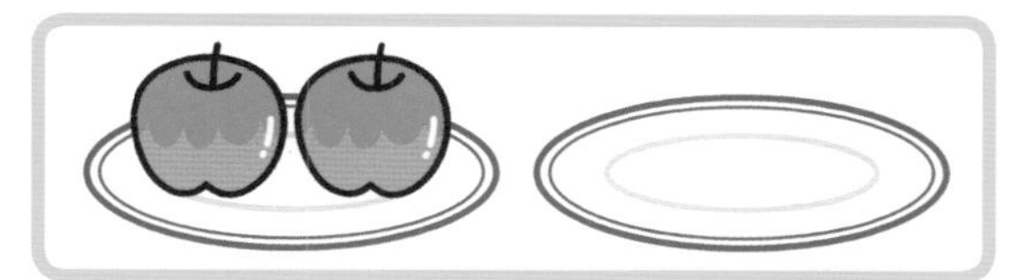 → 2＋0＝□ 

② 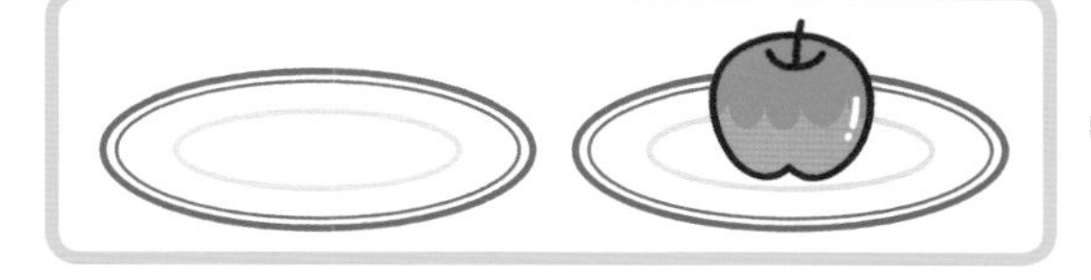 → 0＋1＝□ 

③ 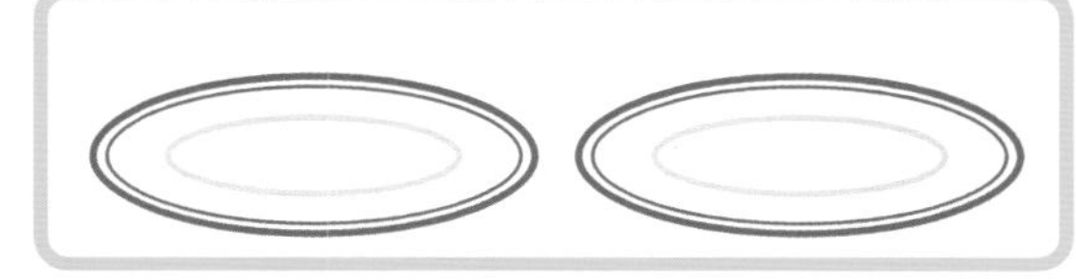 → 0＋0＝□

2 りんごは，なんこ　のこりますか。

1つ4てん【16てん】

① 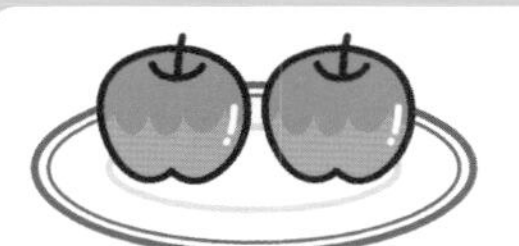 1こ たべる。 → 2－1＝□ 

② 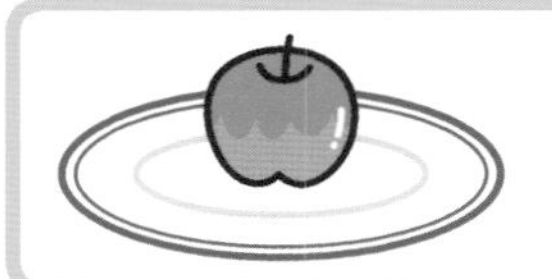 1こ たべる。 → 1－1＝□ 

③ 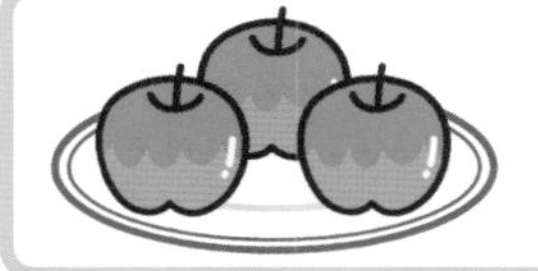 3こ たべる。 → 3－3＝□ 

④ 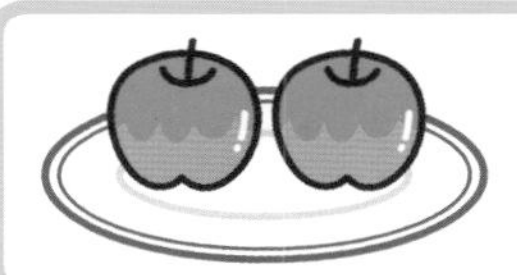 1こも たべない。 → 2－0＝□

3 けいさんを　しましょう。

1つ4てん【32てん】

① $1+0=\square$

② $0+3=\square$

③ $5+0$

④ $0+7$

⑤ $6+0$

⑥ $0+4$

⑦ $8+0$

⑧ $0+0$

4 けいさんを　しましょう。

1つ4てん【40てん】

① $2-2=\square$

② $4-0=\square$

③ $4-4$

④ $3-0$

⑤ $5-5$

⑥ $6-0$

⑦ $1-0$

⑧ $7-7$

⑨ $0-0$

⑩ $9-9$

0の　けいさんも　わかったね。

こたえ ▶ 82ページ

13 20までの　かずの　ひきざん
20までの　かずの　ひきざんの　しかた①

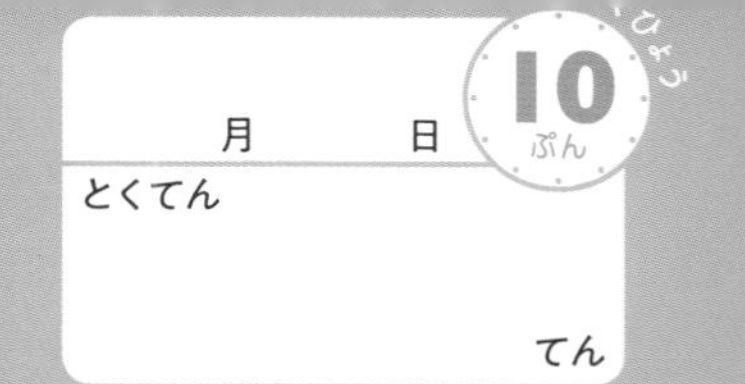

1 □に　かずを　かきましょう。　　1つ3てん【12てん】

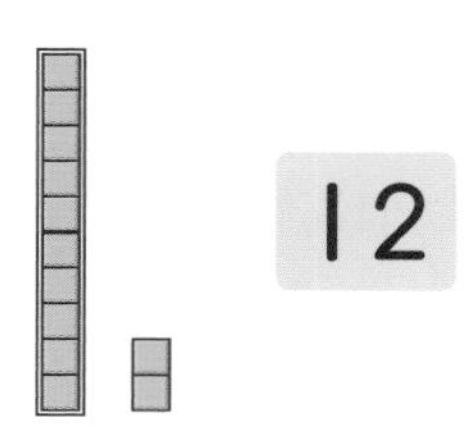

12

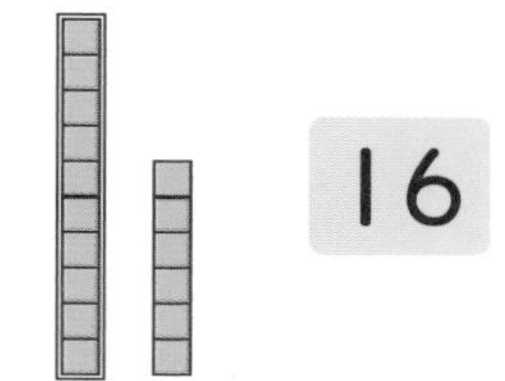

16

① 10と　2で □

② 10と　6で □

③ 12は　10と □

④ 16は □ と　6

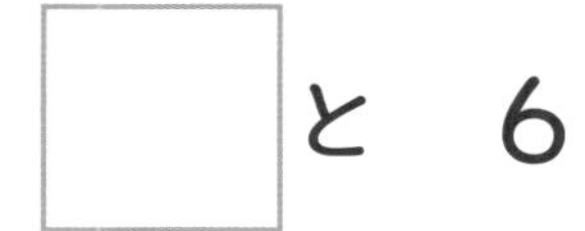

2 ひきざんを　しましょう。　　1つ4てん【24てん】

① $12 - 2 =$ □

とる

12

10　2

② $16 - 6 =$ □

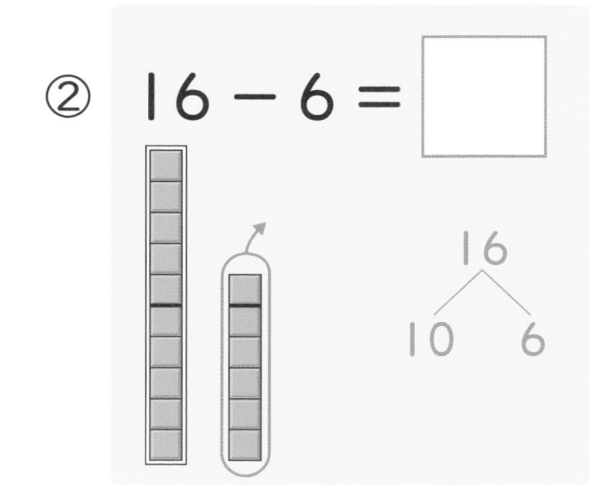

③ $13 - 3 =$ □

④ $15 - 5 =$ □

⑤ $11 - 1 =$ □

⑥ $18 - 8 =$ □

3 □に かずを かきましょう。

1つ4てん【24てん】

① 10と 5で 

② 10と 9で 

③ 13は 10と 

④ 14は 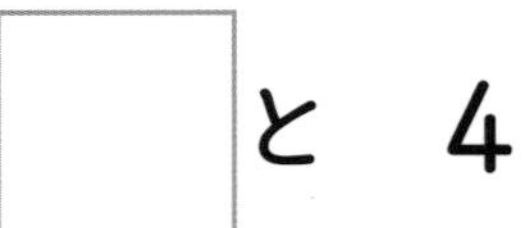 と 4

⑤ 18は 10と 

⑥ 20は 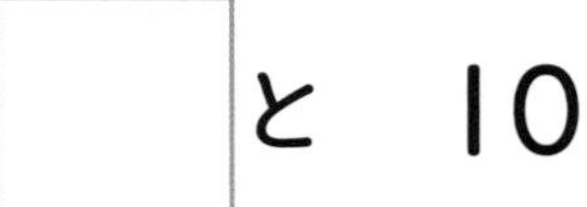 と 10

4 ひきざんを しましょう。

1つ5てん【40てん】

① 14 − 4

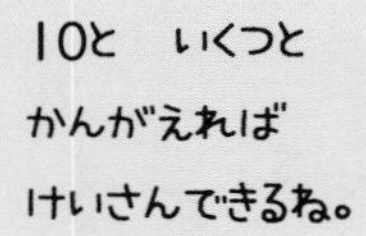

② 17 − 7

③ 16 − 6

④ 15 − 5

⑤ 13 − 3

⑥ 18 − 8

⑦ 19 − 9

⑧ 11 − 1

かずが おおきく なっても だいじょうぶだね！

こたえ ▶ 82ページ

14 20までの　かずの　ひきざんの　しかた②

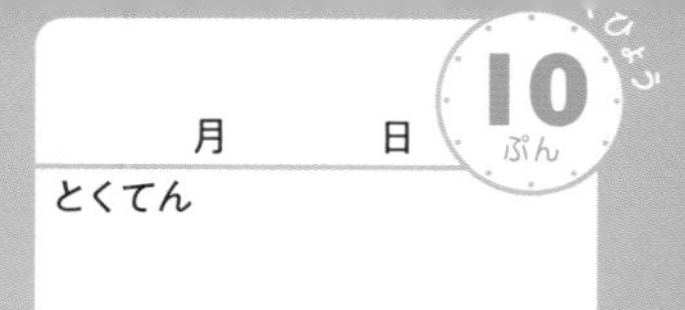

1 ■を　みて，ひきざんを　しましょう。

1つ4てん【16てん】

① 18－5＝□

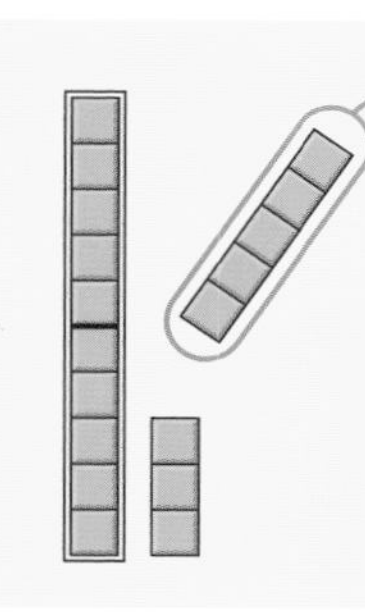

❶ 18は　10と　8。
❷ 8−5で　3。
❸ 10と　3で　13。

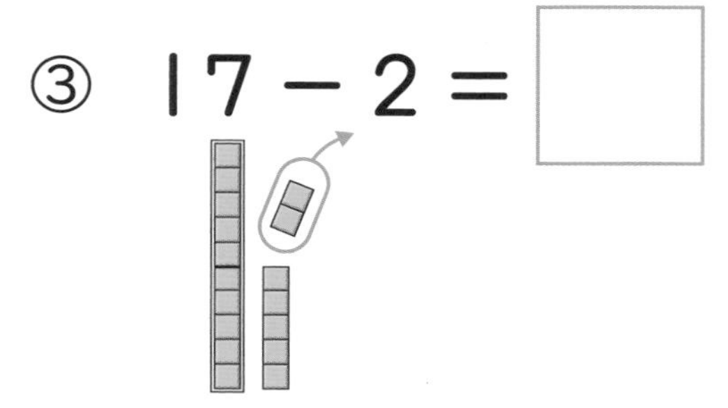

② 15－3＝□

③ 17－2＝□

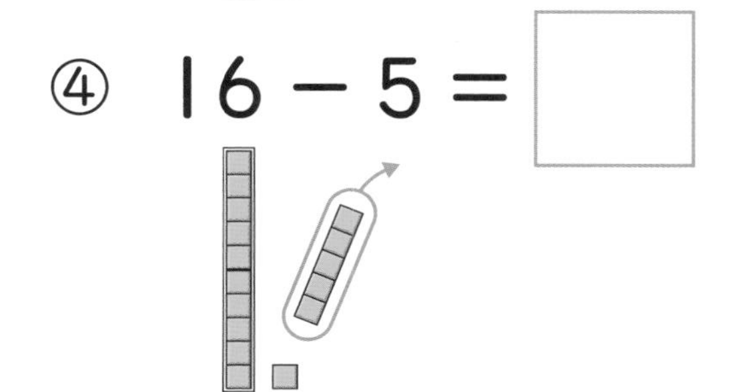

④ 16－5＝□

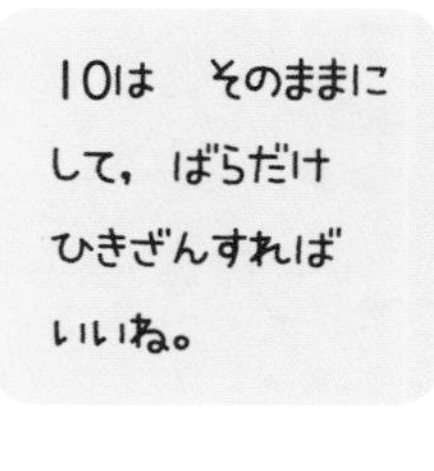

2 ひきざんを　しましょう。

1つ4てん【16てん】

① 14－1＝□

② 17－3＝□

③ 18－7＝□

④ 13－2＝□

3 ひきざんを　しましょう。

①〜⑫1つ4てん，⑬〜⑯1つ5てん【68てん】

① 16－3

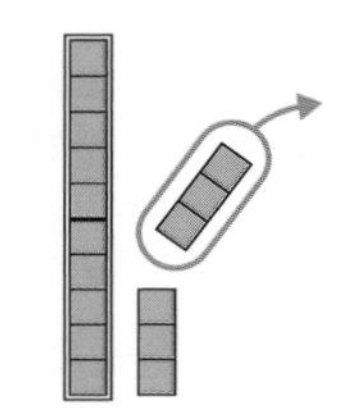

② 15－4

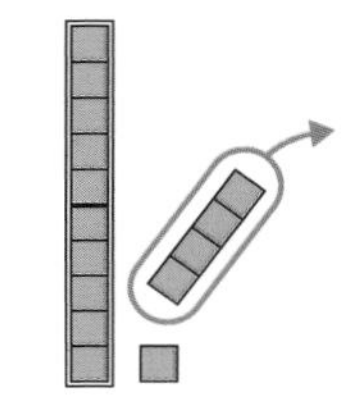

③ 19－2

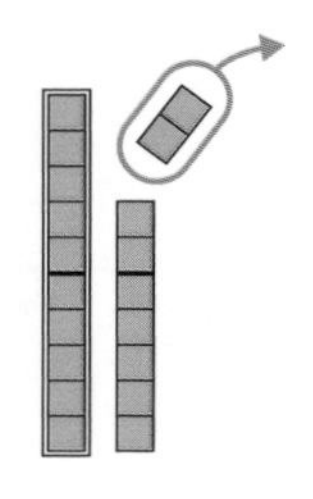

④ 17－5

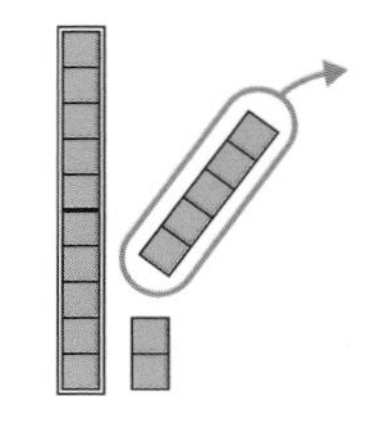

⑤ 18－1

⑥ 15－2

⑦ 13－1

⑧ 17－6

⑨ 16－2

⑩ 19－4

⑪ 14－3

⑫ 18－6

⑬ 19－3

⑭ 17－4

⑮ 19－7

⑯ 18－2

この　ちょうしで　がんばって！

こたえ ▶ 82ページ

20までの　かずの　ひきざん

15 20までの　かずの　ひきざんの　れんしゅう

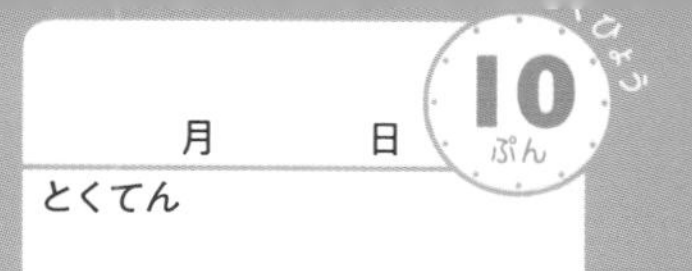

1 ひきざんを　しましょう。

1つ2てん【12てん】

① 15 − 5 = □　② 13 − 3 = □

③ 11 − 1 = □　④ 16 − 6 = □

⑤ 14 − 4 = □　⑥ 19 − 9 = □

2 ひきざんを　しましょう。

①，②1つ2てん，③〜⑩1つ3てん【28てん】

① 15 − 1 = □　② 17 − 5 = □

③ 19 − 8 = □　④ 18 − 4 = □

⑤ 14 − 2 = □　⑥ 19 − 5 = □

⑦ 19 − 1 = □　⑧ 16 − 5 = □

⑨ 16 − 4 = □

⑩ 18 − 3 = □

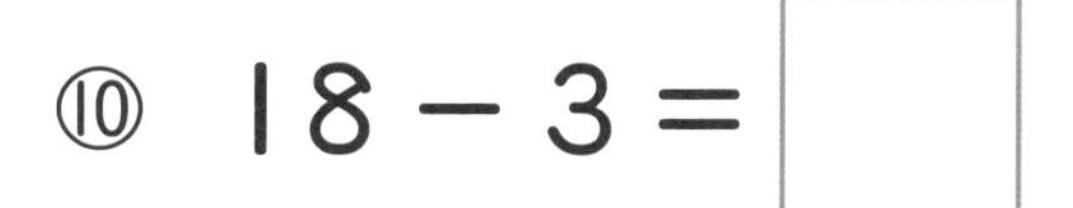

3 ひきざんを　しましょう。

1つ3てん【60てん】

① 14 − 1　　② 17 − 3

③ 16 − 6　　④ 12 − 1

⑤ 19 − 2　　⑥ 14 − 4

⑦ 18 − 5　　⑧ 17 − 1

⑨ 12 − 2　　⑩ 19 − 6

⑪ 18 − 1　　⑫ 15 − 3

⑬ 13 − 2　　⑭ 18 − 4

⑮ 18 − 7　　⑯ 15 − 2

⑰ 16 − 3　　⑱ 19 − 9

⑲ 17 − 2　　⑳ 14 − 3

すごく　がんばったね。えらい！

こたえ ▶ 83ページ

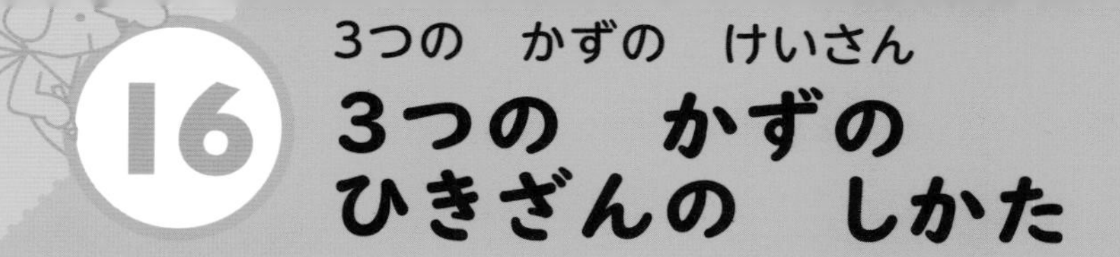

16 3つの　かずの　ひきざんの　しかた

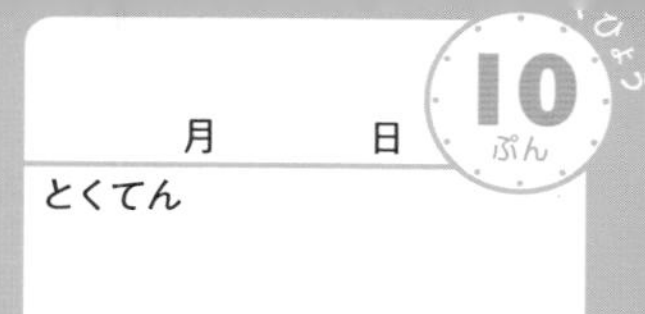

1 ひきざんを　しましょう。

1つ3てん【15てん】

① 9－2－3＝□

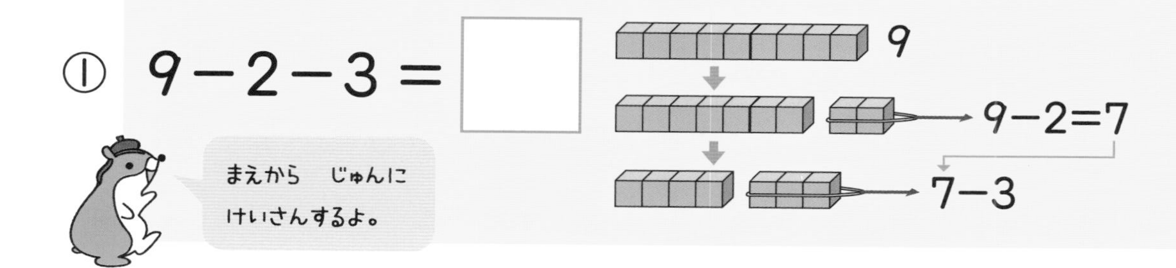

② 8－3－2＝□　　③ 7－2－1＝□

④ 10－2－5＝□　　⑤ 10－4－4＝□

2 ひきざんを　しましょう。

1つ3てん【15てん】

① 12－2－4＝□

12
12－2＝10
10－4

② 13－3－5＝□　　③ 15－5－2＝□

④ 12－2－7＝□　　⑤ 17－7－3＝□

3 ひきざんを　しましょう。

①，②1つ3てん，③～⑫1つ4てん【46てん】

① 6－1－3　② 9－3－2

③ 10－5－2　④ 8－2－5

⑤ 7－3－2　⑥ 9－3－4

⑦ 10－2－4　⑧ 7－1－3

⑨ 10－1－6　⑩ 8－5－2

⑪ 9－1－6　⑫ 10－3－4

4 ひきざんを　しましょう。

1つ4てん【24てん】

① 11－1－8　② 14－4－6

③ 12－2－9　④ 17－7－7

⑤ 16－6－1　⑥ 15－5－4

かずが　3つに　なっても　できたね！

こたえ ▶ 83ページ

17 3つの　かずの　けいさん
3つの　かずの　けいさんの　しかた

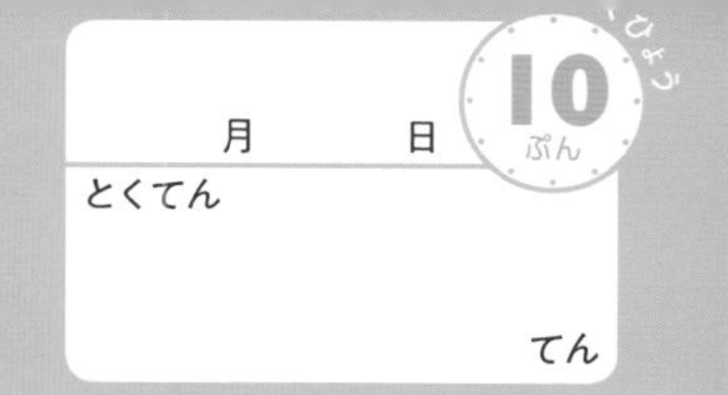

1 けいさんを　しましょう。

1つ3てん【15てん】

① 6−4+3＝□

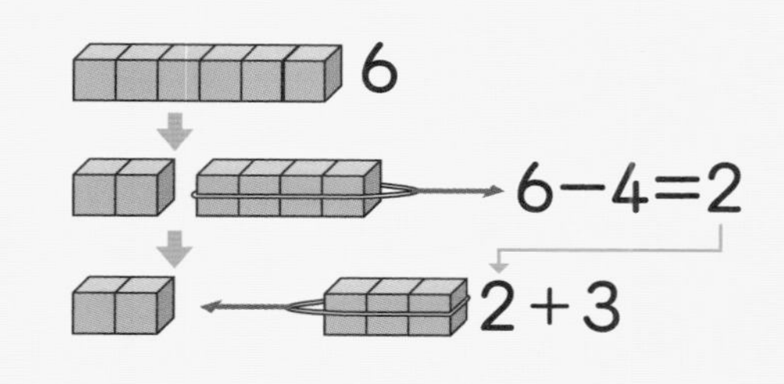

まえから　じゅんに
けいさんするよ。

② 8−3+2＝□　③ 9−5+4＝□

④ 10−7+2＝□　⑤ 10−3+1＝□

2 けいさんを　しましょう。

1つ3てん【15てん】

① 5+3−2＝□

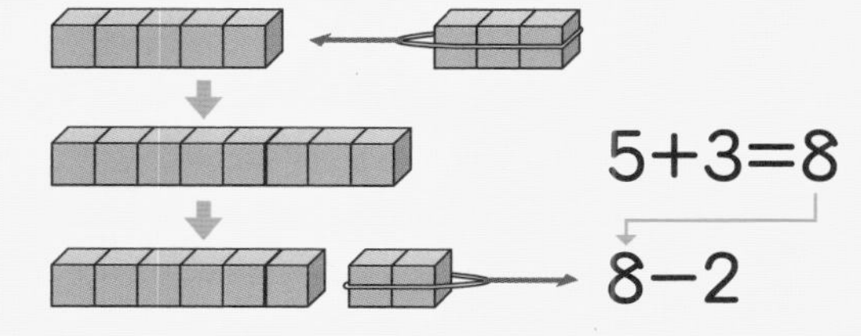

② 8+1−4＝□　③ 4+3−5＝□

④ 6+4−5＝□　⑤ 2+8−4＝□

3 けいさんを　しましょう。

①，②1つ3てん，③～⑩1つ4てん【38てん】

① $6-3+1$　　② $9-8+2$

③ $5-2+5$　　④ $7-3+2$

⑤ $9-6+4$　　⑥ $6-2+5$

⑦ $10-8+5$　　⑧ $10-4+2$

⑨ $10-2+1$　　⑩ $10-6+4$

4 けいさんを　しましょう。

1つ4てん【32てん】

① $2+5-1$　　② $4+1-3$

③ $5+4-7$　　④ $8+1-2$

⑤ $9+1-5$　　⑥ $8+2-9$

⑦ $5+5-7$　　⑧ $3+7-6$

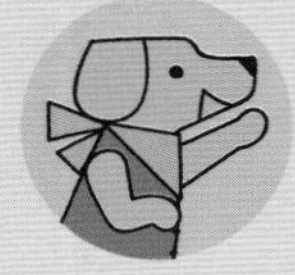

よく　がんばったね。えらいよ！

こたえ ▷ 83ページ

18 3つの　かずの　けいさんの　れんしゅう①

月　日　10ぷん　ひょう

とくてん　　てん

1 ひきざんを　しましょう。　1つ2てん【16てん】

① $9-4-3=$ □　② $8-1-4=$ □

③ $10-5-1=$ □　④ $10-1-3=$ □

⑤ $11-1-7=$ □　⑥ $19-9-6=$ □

⑦ $14-4-3=$ □　⑧ $18-8-2=$ □

2 けいさんを　しましょう。　1つ3てん【24てん】

① $7-4+3=$ □　② $9-5+6=$ □

③ $10-4+1=$ □　④ $10-9+5=$ □

⑤ $3+4-2=$ □　⑥ $4+5-7=$ □

⑦ $1+9-8=$ □　⑧ $6+4-3=$ □

3 ひきざんを　しましょう。

1つ3てん【30てん】

① 6 − 2 − 1　　② 10 − 4 − 2

③ 15 − 5 − 8　　④ 8 − 2 − 3

⑤ 10 − 2 − 6　　⑥ 12 − 2 − 1

⑦ 9 − 2 − 5　　⑧ 10 − 6 − 1

⑨ 17 − 7 − 5　　⑩ 9 − 1 − 2

4 けいさんを　しましょう。

1つ3てん【30てん】

① 7 − 5 + 6

たすのか　ひくのかに
きを　つけて！

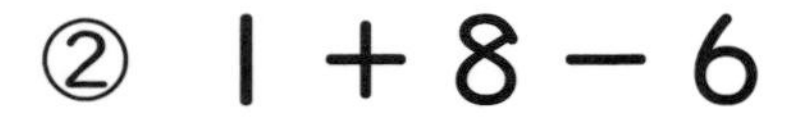

② 1 + 8 − 6

③ 7 + 3 − 8　　④ 5 − 4 + 8

⑤ 4 − 1 + 6　　⑥ 10 − 5 + 2

⑦ 7 + 2 − 8　　⑧ 4 + 6 − 2

⑨ 2 + 6 − 4　　⑩ 10 − 7 + 4

はんぶんまで　きたよ。のこりも　がんばろう！

こたえ ▶ 83ページ

19

3つの　かずの　けいさん

3つの　かずの　けいさんの　れんしゅう②

10ぷん

月　日

とくてん

てん

1 けいさんを　しましょう。

①～⑭1つ2てん，⑮，⑯1つ3てん【34てん】

① $8-4-2=$ □

② $9-2-4=$ □

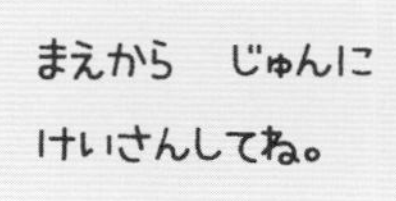

③ $10-3-5=$ □

④ $10-1-7=$ □

⑤ $13-3-8=$ □

⑥ $19-9-5=$ □

⑦ $18-8-9=$ □

⑧ $16-6-3=$ □

⑨ $8-2+3=$ □

⑩ $9-6+5=$ □

⑪ $10-6+2=$ □

⑫ $10-7+6=$ □

⑬ $6+3-2=$ □

⑭ $1+7-6=$ □

⑮ $1+9-2=$ □

⑯ $8+2-4=$ □

2 けいさんを　しましょう。

1つ3てん【66てん】

① $9-3-3$　② $11-1-3$

③ $8-5+4$　④ $10-4-1$

⑤ $10-4+3$　⑥ $9-7+5$

⑦ $7-1-4$　⑧ $7+2-6$

⑨ $12-2-5$　⑩ $10-2-3$

⑪ $2+6-3$　⑫ $10-5+4$

⑬ $15-5-6$　⑭ $8-2-4$

⑮ $10-5-3$　⑯ $14-4-2$

⑰ $7-6+8$　⑱ $3+7-2$

⑲ $9+1-6$　⑳ $17-7-9$

㉑ $4+6-7$　㉒ $10-9+6$

よく　がんばったね。つぎは　パズル（ぱずる）だよ。

こたえ ▷ 84ページ

[ぷれぜんとは　なに？]

1 3にんは　おたんじょうびに　なにと　なにを　ぷれぜんとに　もらったかな？　けいさんを　して，おなじ　こたえの　●と　●，●と　●を　——で（せん）　つなげば　わかるよ。

9 − 3 − 2

11 − 1 − 5

10 − 3 − 1

18 − 8 − 4

15 − 5 − 6

7 − 5 + 3

4 + 4 − 3

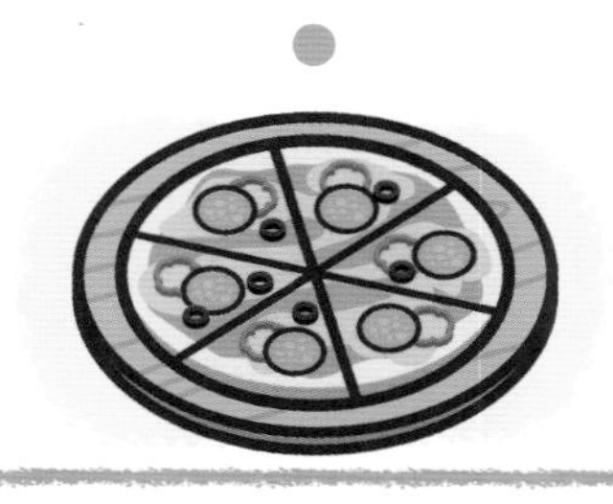

10 − 7 + 1

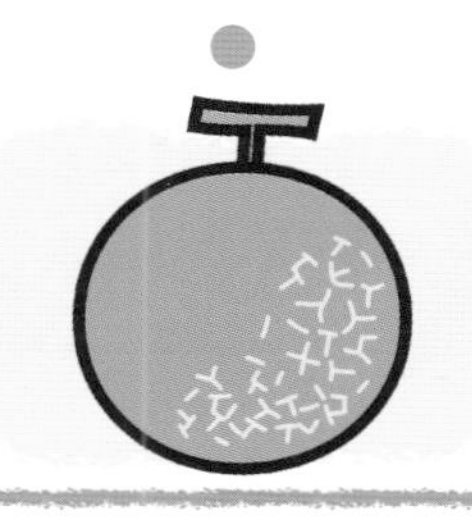

10 − 9 + 5

❷ 3にんは　おたんじょうびに　なにと　なにを　ぷれぜんとに　もらったかな？　けいさんを　して，おなじ　こたえの　●と　●，●と　●を　——（せん）で　つなげば　わかるよ。

10 − 1 − 2

9 − 1 − 2

2 + 7 − 1

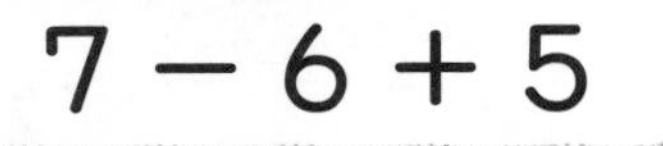

7 − 6 + 5

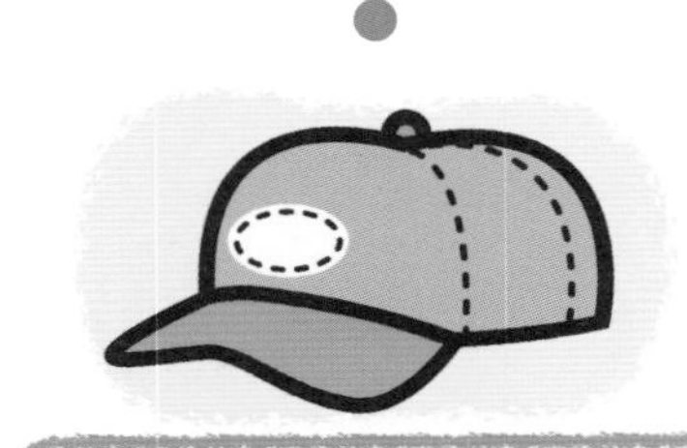

10 − 6 + 4

12 − 2 − 3

6 + 3 − 2

14 − 4 − 4

19 − 9 − 2

こたえ ▶ 84ページ

ひきざん (2)

21 くり下がりの　ある　ひきざんの　しかた①

月　　日　10ぷん

とくてん　　　　てん

1 を　みて，ひきざんを　しましょう。　1つ5てん【35てん】

① 12－9＝□

12の　中の　10から　9を　ひいて　けいさんします。

12 → 10　2

❶ 12は　10と　2。

❷ 10から　9を　ひいて　1。

❸ 1と　2で　3。

② 13－9＝□

③ 15－9＝□

④ 11－9＝□

⑤ 14－9＝□

⑥ 16－9＝□

⑦ 17－9＝□

10いくつの　中の
10から　9を
ひくよ。

2 を　みて，ひきざんを　しましょう。①5てん，②～⑤1つ6てん【29てん】

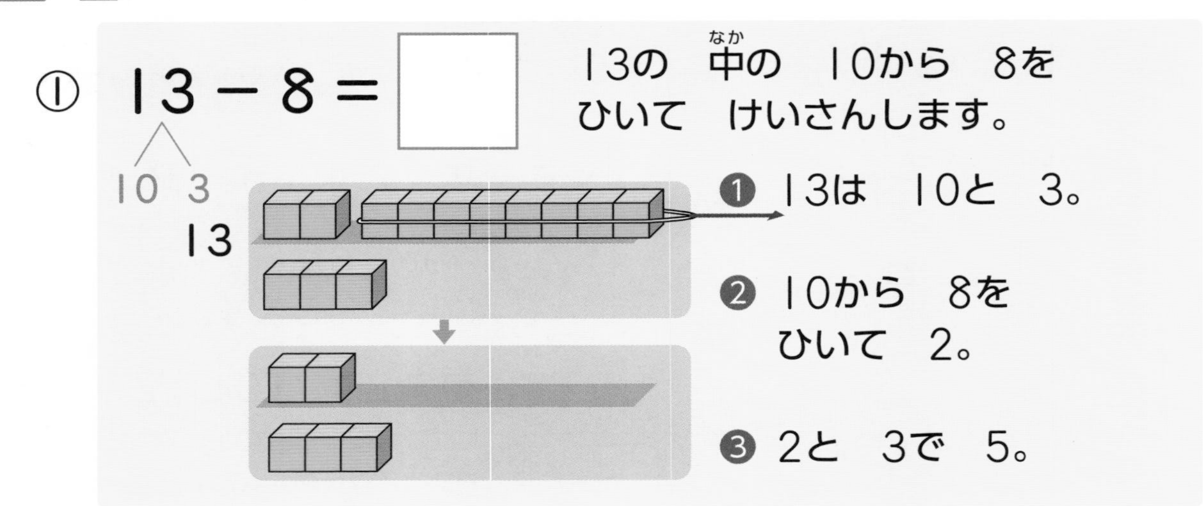

② $12-8=$ □

③ $15-8=$ □

④ $11-8=$ □

⑤ $14-8=$ □

3 ひきざんを　しましょう。

1つ6てん【36てん】

① $16-8$

② $17-8$

③ $13-9$

④ $16-9$

⑤ $15-9$

⑥ $18-9$

よく　かんがえて　できたね。えらいよ。

こたえ ▶ 84ページ

ひきざん (2)

22 くり下がりの　ある ひきざんの　しかた②

1 を　みて，ひきざんを　しましょう。

1つ3てん【9てん】

① 12 − 7 = □

12の　中(なか)の　10から　7を ひいて　けいさんします。

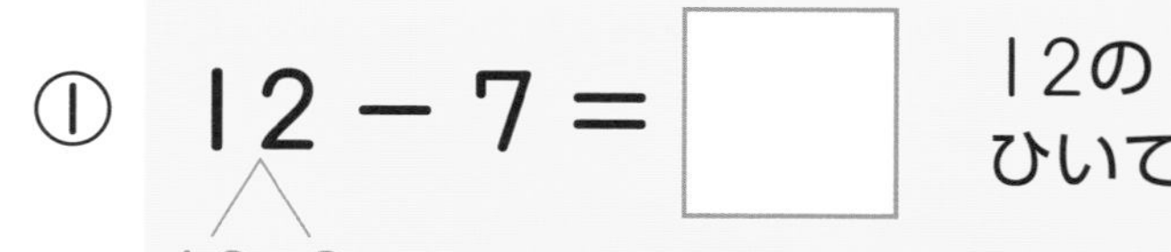

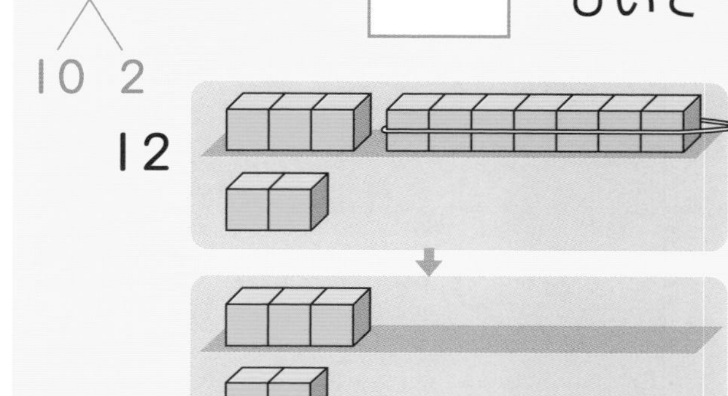

❶ 12は　10と　2。

❷ 10から　7を ひいて　3。

❸ 3と　2で　5。

② 11 − 7 = □

③ 14 − 7 = □

2 を　みて，ひきざんを　しましょう。

1つ3てん【9てん】

① 11 − 6 = □

11の　中の　10から 6を　ひいて けいさんするよ。

② 13 − 6 = □

③ 12 − 6 = □

3 ひきざんを　しましょう。

1つ4てん【32てん】

① 12 − 7　② 13 − 7

③ 16 − 7　④ 15 − 7

⑤ 11 − 6　⑥ 13 − 6

⑦ 15 − 6　⑧ 14 − 6

4 ひきざんを　しましょう。

1つ5てん【50てん】

① 13 − 8　② 12 − 9

③ 12 − 6　④ 11 − 8

⑤ 13 − 9　⑥ 12 − 8

⑦ 11 − 7　⑧ 14 − 9

⑨ 11 − 9　⑩ 14 − 7

すごいよ。がんばって　いるね。

こたえ ▶ 84ページ

ひきざん (2)

23 くり下がりの　ある　ひきざんの　しかた③

1 ［ブロック］を　みて，ひきざんを　しましょう。

1つ3てん【18てん】

① $13-4=$ □

あ，いの　どちらで　かんがえても　よいです。

あ　10から　4を　ひく。

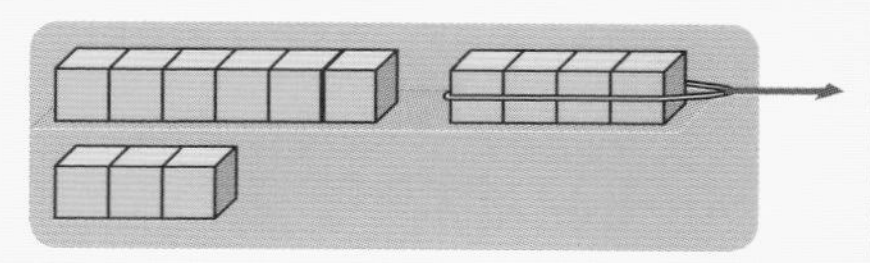

10から　4を　ひいて　6。

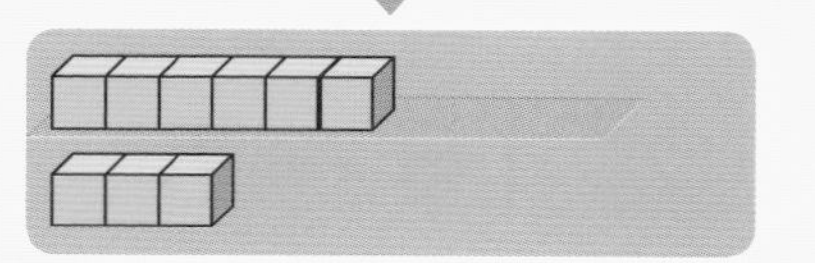

6と　3で　9。

い　4を　3と　1に　わけて　ひく。

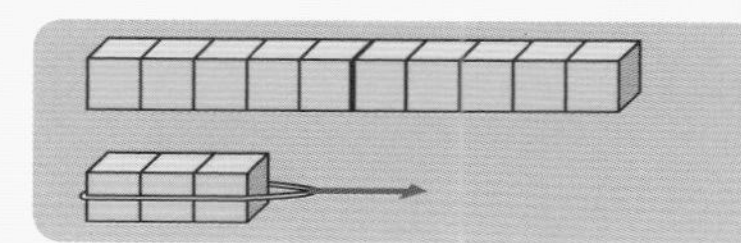

13から　3を　ひいて　10。

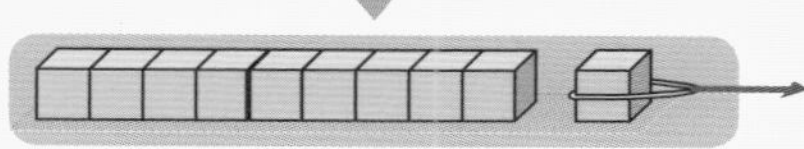

10から　1を　ひいて　9。

② $12-3=$ □

じぶんが　けいさんしやすい　しかたで　けいさんして　いいよ。

③ $11-3=$ □

④ $13-5=$ □

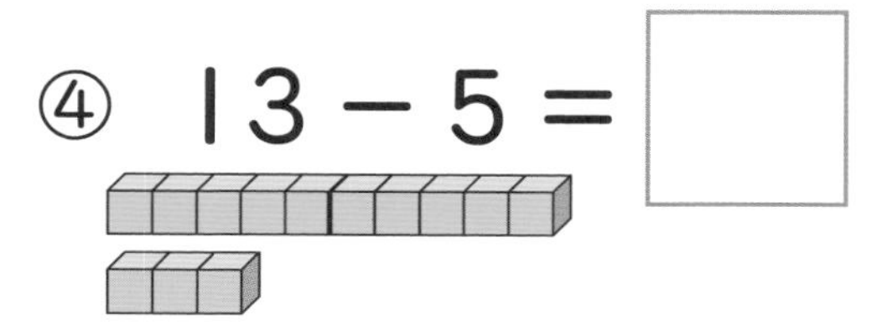

⑤ $12-4=$ □

⑥ $14-5=$ □

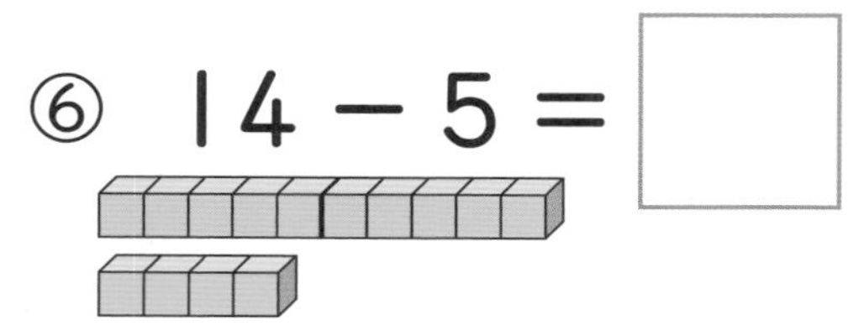

2 ひきざんを　しましょう。

①～⑱1つ4てん，⑲，⑳1つ5てん【82てん】

① 12－5　② 11－4

③ 11－2　④ 15－6

⑤ 13－5　⑥ 16－7

⑦ 17－8　⑧ 14－6

⑨ 15－7　⑩ 16－8

⑪ 13－6　⑫ 15－8

⑬ 13－4　⑭ 16－9

⑮ 14－7　⑯ 11－3

⑰ 17－9　⑱ 12－4

⑲ 14－5　⑳ 18－9

ひきざんの　しかたが　わかったね。

こたえ ▶ 85ページ

ひきざん (2)

24 くり下がりの ある ひきざんの れんしゅう①

10ぷん

月　日

とくてん

てん

1 ひきざんを しましょう。

①，②1つ2てん，③～⑧1つ3てん【22てん】

① 12 － 9 ＝ □

② 11 － 7 ＝ □

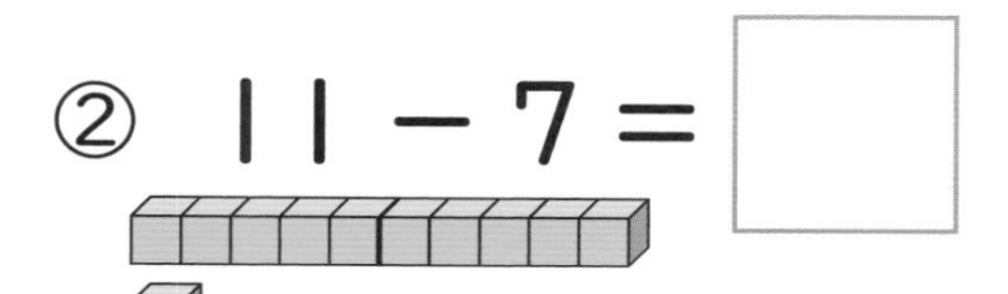

③ 13 － 8 ＝ □

④ 14 － 8 ＝ □

⑤ 11 － 6 ＝ □

⑥ 12 － 7 ＝ □

⑦ 14 － 9 ＝ □

⑧ 13 － 9 ＝ □

2 ひきざんを しましょう。

1つ3てん【18てん】

① 12 － 4 ＝ □

② 11 － 3 ＝ □

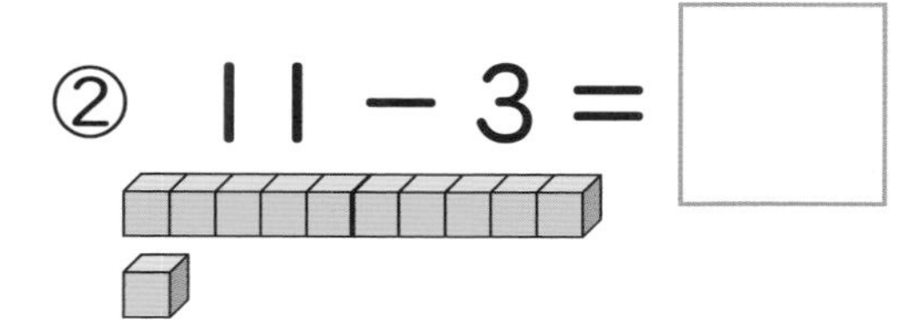

③ 15 － 6 ＝ □

④ 12 － 3 ＝ □

⑤ 16 － 9 ＝ □

⑥ 13 － 4 ＝ □

10から ひいても いいし，
はじめに ばらから
ひいても いいね。

3 ひきざんを　しましょう。

1つ3てん【60てん】

①	11－9	②	14－5
③	12－8	④	15－9
⑤	11－4	⑥	13－7
⑦	16－7	⑧	11－8
⑨	14－6	⑩	18－9
⑪	11－5	⑫	13－6
⑬	15－8	⑭	17－9
⑮	12－5	⑯	13－5
⑰	11－2	⑱	14－7
⑲	17－8	⑳	12－6

よく　できました。えらいね！

こたえ ▶ 85ページ

25 くり下がりの　ある ひきざんの　れんしゅう②

月　日

とくてん

てん

10 ぷん

1 ひきざんを　しましょう。

①，②1つ2てん，③～⑧1つ3てん【22てん】

① 14 − 8 = ☐

② 13 − 7 = ☐

③ 13 − 8 = ☐

④ 12 − 8 = ☐

⑤ 12 − 7 = ☐

⑥ 15 − 9 = ☐

⑦ 11 − 9 = ☐

⑧ 11 − 7 = ☐

2 ひきざんを　しましょう。

1つ3てん【24てん】

① 11 − 3 = ☐

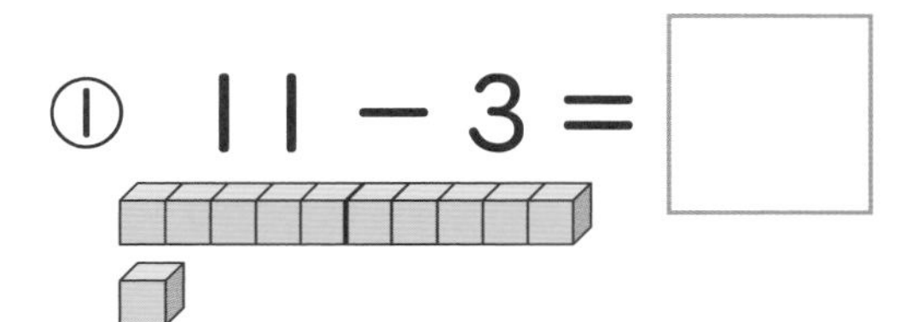

② 16 − 7 = ☐

③ 11 − 2 = ☐

④ 14 − 5 = ☐

⑤ 15 − 6 = ☐

⑥ 18 − 9 = ☐

⑦ 16 − 8 = ☐

⑧ 12 − 4 = ☐

3 ひきざんを　しましょう。

1つ3てん【54てん】

① 14－9　　② 15－7

③ 13－5　　④ 16－9

⑤ 12－9　　⑥ 14－6

⑦ 13－4　　⑧ 11－8

⑨ 12－5　　⑩ 17－8

⑪ 15－8　　⑫ 13－9

⑬ 12－6　　⑭ 14－7

⑮ 12－3　　⑯ 17－9

⑰ 11－6

⑱ 13－6

まちがえた　ひきざんは
やりなおして　おこうね。

このちょうしで　がんばろう！

こたえ ▶ 85ページ

26 くり下がりの　ある ひきざんの　れんしゅう③

月　日

とくてん

てん

10 ぷん

1 ひきざんを　しましょう。

①〜⑭1つ2てん，⑮，⑯1つ3てん【34てん】

① $16 - 9 =$ □

② $13 - 5 =$ □

③ $11 - 9 =$ □

④ $14 - 9 =$ □

⑤ $12 - 4 =$ □

⑥ $13 - 6 =$ □

⑦ $18 - 9 =$ □

⑧ $11 - 6 =$ □

⑨ $17 - 9 =$ □

⑩ $12 - 5 =$ □

⑪ $13 - 4 =$ □

⑫ $11 - 4 =$ □

⑬ $15 - 8 =$ □

⑭ $14 - 6 =$ □

⑮ $12 - 9 =$ □

⑯ $11 - 8 =$ □

この　ちょうしで
うらも
がんばって！

2 ひきざんを しましょう。

1つ3てん【66てん】

① 11－7

② 12－6

③ 13－9

④ 14－8

⑤ 14－5

⑥ 12－8

⑦ 11－3

⑧ 18－9

⑨ 15－9

⑩ 13－6

⑪ 13－7

⑫ 12－3

⑬ 16－8

⑭ 12－7

⑮ 11－5

⑯ 15－6

⑰ 16－7

⑱ 13－8

⑲ 15－7

⑳ 11－2

㉑ 14－9

㉒ 17－8

ひきざんはかせに なれそうだね。

こたえ ▶ 86ページ

ひきざん (2)

27 くり下がりの　ある　ひきざんの　れんしゅう④

月　日　10ぷん

とくてん　　てん

1 ひきざんを　しましょう。　①～⑭1つ2てん，⑮～⑱1つ3てん【40てん】

① $12-8=$ □

② $17-9=$ □

③ $13-4=$ □

④ $11-5=$ □

⑤ $12-9=$ □

⑥ $15-6=$ □

⑦ $11-3=$ □

⑧ $13-8=$ □

⑨ $14-9=$ □

⑩ $12-4=$ □

⑪ $16-8=$ □

⑫ $17-8=$ □

⑬ $13-9=$ □

⑭ $11-7=$ □

⑮ $18-9=$ □

⑯ $14-8=$ □

⑰ $11-8=$ □

⑱ $12-7=$ □

2 ひきざんを　しましょう。

1つ3てん【60てん】

① 11 − 9

② 12 − 5

③ 13 − 6　　④ 16 − 7

⑤ 14 − 5　　⑥ 15 − 8

⑦ 13 − 7　　⑧ 11 − 2

⑨ 15 − 9　　⑩ 12 − 6

⑪ 11 − 6　　⑫ 14 − 7

⑬ 16 − 9　　⑭ 13 − 5

⑮ 17 − 8　　⑯ 14 − 6

⑰ 15 − 7　　⑱ 13 − 8

⑲ 12 − 3　　⑳ 11 − 4

すごく　がんばったね。えらいよ。

こたえ ▶ 86ページ

28 くり下がりの　ある ひきざんの　れんしゅう⑤

10ぷん

月　日

とくてん

てん

1 ひきざんを　しましょう。

1つ2てん【32てん】

① $14-9=$ □

② $11-3=$ □

③ $15-8=$ □

④ $12-7=$ □

⑤ $13-9=$ □

⑥ $11-8=$ □

⑦ $12-3=$ □

⑧ $14-6=$ □

⑨ $15-9=$ □

⑩ $13-7=$ □

⑪ $11-6=$ □

⑫ $17-8=$ □

⑬ $14-7=$ □

⑭ $12-9=$ □

⑮ $16-7=$ □

⑯ $12-6=$ □

はりきって
うらへ　すすもう！

2 ひきざんを　しましょう。

①〜④1つ2てん，⑤〜㉔1つ3てん【68てん】

① $16 - 8$

② $15 - 6$

③ $14 - 9$

④ $12 - 5$

⑤ $11 - 7$

⑥ $14 - 8$

⑦ $18 - 9$

⑧ $13 - 4$

⑨ $11 - 4$

⑩ $16 - 7$

⑪ $12 - 8$

⑫ $13 - 5$

⑬ $17 - 8$

⑭ $11 - 5$

⑮ $17 - 9$

⑯ $13 - 6$

⑰ $13 - 8$

⑱ $12 - 4$

⑲ $11 - 2$

⑳ $11 - 9$

㉑ $14 - 5$

㉒ $12 - 6$

㉓ $15 - 7$

㉔ $16 - 9$

ひきざんが　たくさん　できたね。えらい！

こたえ ▶ 86ページ

ひきざん (2)

29 くり下がりの　ある　ひきざんの　れんしゅう⑥

月　日

とくてん

てん

10ぷん

1 ひきざんを　しましょう。

1つ2てん【36てん】

① 13 − 6 = □

② 15 − 7 = □

③ 16 − 9 = □

④ 14 − 5 = □

⑤ 12 − 8 = □

⑥ 11 − 7 = □

⑦ 13 − 5 = □

⑧ 12 − 3 = □

⑨ 11 − 4 = □

⑩ 14 − 8 = □

⑪ 15 − 6 = □

⑫ 11 − 9 = □

⑬ 12 − 6 = □

⑭ 13 − 8 = □

⑮ 17 − 8 = □

⑯ 12 − 4 = □

⑰ 11 − 3 = □

⑱ 13 − 9 = □

2 ひきざんを　しましょう。

①～⑧1つ2てん，⑨～㉔1つ3てん【64てん】

① 17－9　② 12－4

③ 14－7　④ 15－9

⑤ 11－8　⑥ 16－7

⑦ 13－4　⑧ 11－7

⑨ 12－9　⑩ 14－6

⑪ 16－9　⑫ 11－6

⑬ 13－8　⑭ 12－5

⑮ 15－8　⑯ 13－7

⑰ 11－5　⑱ 14－9

⑲ 15－7　⑳ 18－9

㉑ 12－7　㉒ 11－2

㉓ 16－8

㉔ 12－6

これで　ひきざんは
ばっちりだね。

よく　がんばったね。おつかれさま！

こたえ ▶ 86ページ

大きな　かずの　ひきざん

30 なん十の　ひきざんの　しかた

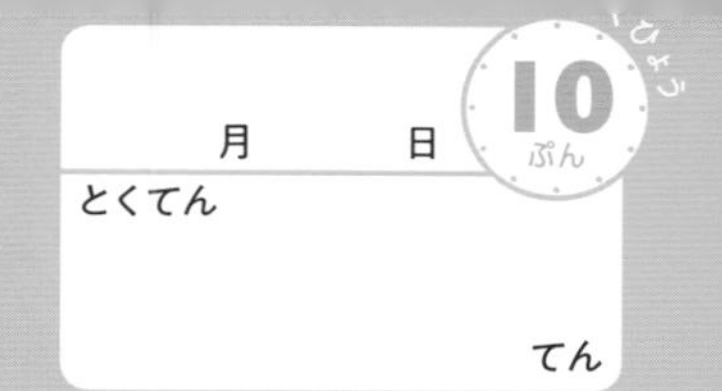

1 ずを　みて，ひきざんを　しましょう。

1つ3てん【12てん】

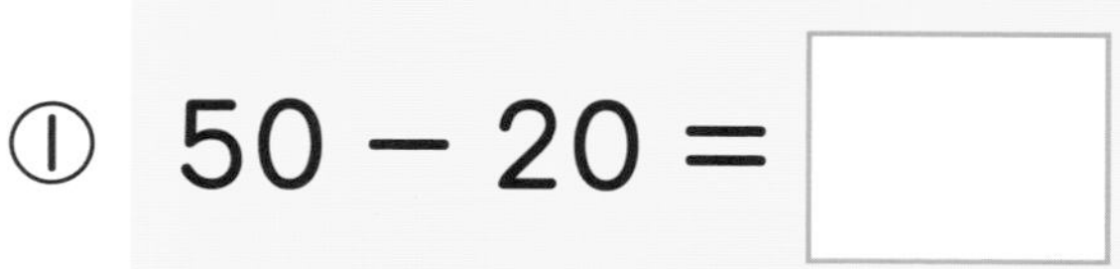

① $50 - 20 = \square$

10の　たばで
かんがえると，
5−2だね。

のこりは，
10が　3こで　30。

② $40 - 10 = \square$

③ $70 - 30 = \square$

④ $100 - 50 = \square$

100は，10の　たばが
10こだね。

2 ひきざんを　しましょう。

1つ4てん【16てん】

① $20 - 10 = \square$

② $50 - 30 = \square$

③ $60 - 20 = \square$

④ $80 - 60 = \square$

3 ひきざんを　しましょう。

①〜⑧1つ4てん，⑨〜⑯1つ5てん【72てん】

① 40 − 20

② 70 − 40

③ 50 − 10

④ 100 − 60

⑤ 30 − 20

⑥ 90 − 40

⑦ 80 − 50

⑧ 70 − 20

⑨ 60 − 40

⑩ 90 − 30

⑪ 60 − 30

⑫ 100 − 90

⑬ 90 − 70

⑭ 40 − 30

⑮ 80 − 20

⑯ 100 − 80

こたえ ▶ 87ページ

31 大きな　かずの　ひきざん
なん十の　ひきざんの　れんしゅう

月　　日　10ぷん
とくてん
てん

1 ひきざんを　しましょう。

①～⑧1つ2てん，⑨～⑭1つ3てん【34てん】

① 60 － 10 ＝ □

10 10 10 10 10 10

② 40 － 30 ＝ □

10 10 10 10

③ 70 － 50 ＝ □

④ 50 － 40 ＝ □

⑤ 80 － 60 ＝ □

⑥ 70 － 10 ＝ □

⑦ 90 － 50 ＝ □

⑧ 80 － 30 ＝ □

⑨ 60 － 50 ＝ □

⑩ 70 － 40 ＝ □

⑪ 80 － 40 ＝ □

⑫ 90 － 20 ＝ □

⑬ 100 － 20 ＝ □

⑭ 100 － 70 ＝ □

10が　なんこか
かんがえれば
かんたんだね。

2 ひきざんを　しましょう。

1つ3てん【66てん】

① 50 − 10

② 60 − 20

③ 80 − 50

④ 30 − 10

⑤ 90 − 80

⑥ 50 − 20

⑦ 70 − 20

⑧ 90 − 10

⑨ 60 − 40

⑩ 100 − 10

⑪ 90 − 70

⑫ 70 − 60

⑬ 80 − 10

⑭ 100 − 60

⑮ 80 − 20

⑯ 90 − 30

⑰ 100 − 40

⑱ 80 − 70

⑲ 60 − 30

⑳ 70 − 30

㉑ 90 − 60

㉒ 100 − 30

よく　がんばったね。すばらしい！

こたえ ▶ 87ページ

32 大きな　かずの　ひきざん
100までの　かずの　ひきざんの　しかた

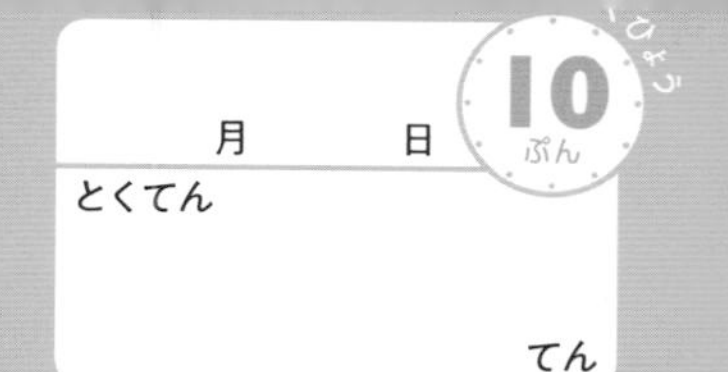

1 ひきざんを　しましょう。

1つ3てん【9てん】

① 35 − 5 = □

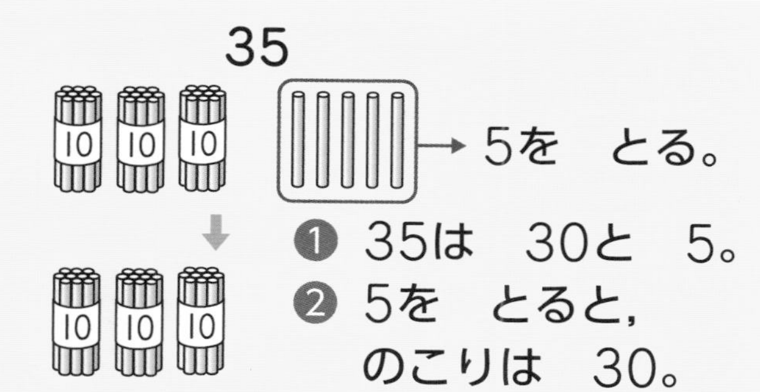

② 43 − 3 = □　③ 67 − 7 = □

2 ひきざんを　しましょう。

①〜③1つ3てん，④，⑤1つ4てん【17てん】

① 27 − 5 = □

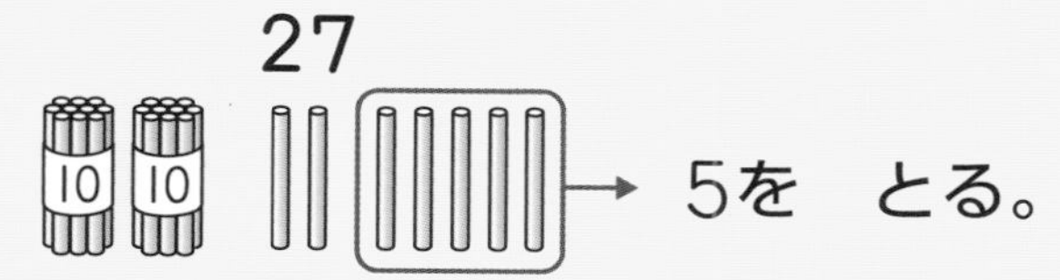

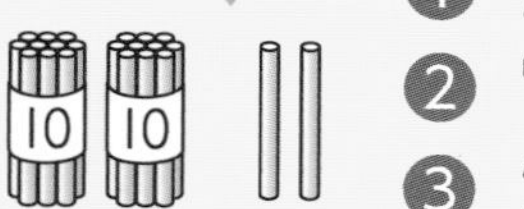

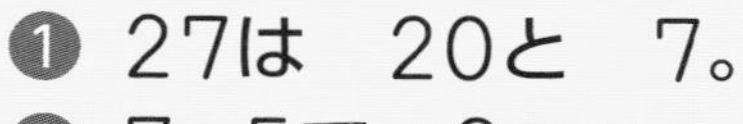

② 46 − 3 = □　③ 65 − 2 = □

④ 54 − 3 = □　⑤ 89 − 7 = □

3 ひきざんを　しましょう。

1つ4てん【24てん】

① 24 − 4

② 41 − 1

③ 78 − 8

④ 52 − 2

⑤ 36 − 6

⑥ 89 − 9

4 ひきざんを　しましょう。

1つ5てん【50てん】

① 35 − 3

② 56 − 2

③ 62 − 1

④ 84 − 2

⑤ 27 − 6

⑥ 93 − 2

⑦ 58 − 2

⑧ 66 − 4

⑨ 79 − 3

⑩ 97 − 4

大きな　かずの　ひきざんも　できたね！

こたえ ▶ 87ページ

33 100までの　かずの　ひきざんの　れんしゅう

月　　日

とくてん　　　　てん

10ぷん

1 ひきざんを　しましょう。

1つ2てん【12てん】

① $34 - 4 =$ □

10 10 10 | | | |

② $27 - 7 =$ □

10 10 | | | | | | |

③ $53 - 3 =$ □

④ $92 - 2 =$ □

⑤ $68 - 8 =$ □

⑥ $76 - 6 =$ □

2 ひきざんを　しましょう。

①，②1つ2てん，③～⑧1つ3てん【22てん】

① $25 - 1 =$ □

10 10 | | | | |

② $36 - 4 =$ □

10 10 10 | | | | | |

③ $59 - 2 =$ □

④ $84 - 3 =$ □

⑤ $78 - 4 =$ □

⑥ $67 - 2 =$ □

⑦ $49 - 5 =$ □

⑧ $99 - 6 =$ □

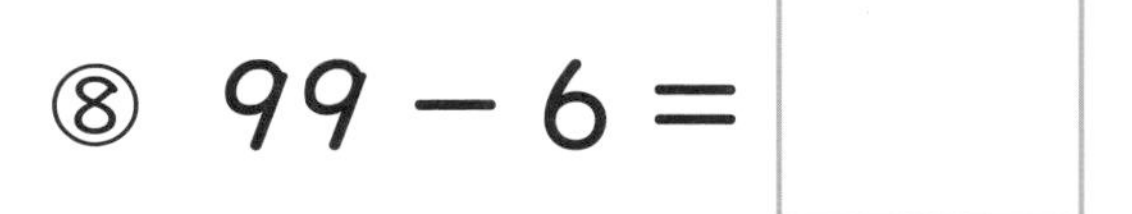

ひきざんすると，
ばらの　かずは　かわるけど，
なん十（じゅう）は　かわらないね。

3 ひきざんを　しましょう。

1つ3てん【66てん】

① 47 − 7

② 49 − 4

③ 35 − 1

④ 67 − 5

⑤ 27 − 1

⑥ 21 − 1

⑦ 85 − 4

⑧ 78 − 2

⑨ 62 − 2

⑩ 96 − 5

⑪ 95 − 5

⑫ 46 − 3

⑬ 59 − 7

⑭ 38 − 8

⑮ 78 − 3

⑯ 79 − 9

⑰ 83 − 3

⑱ 68 − 5

⑲ 56 − 6

⑳ 98 − 6

㉑ 87 − 3

㉒ 59 − 8

よく　がんばったね。すごいよ！

こたえ ▷ 87ページ

34 大きな　かずの　ひきざん
大きな　かずの　ひきざんの　れんしゅう①

月　日　10ぷん
とくてん　てん

1 ひきざんを　しましょう。　1つ2てん【16てん】

① $60 - 10 =$ □　② $70 - 50 =$ □

③ $40 - 30 =$ □　④ $50 - 10 =$ □

⑤ $80 - 60 =$ □　⑥ $70 - 30 =$ □

⑦ $100 - 90 =$ □　⑧ $100 - 20 =$ □

2 ひきざんを　しましょう。　1つ2てん【16てん】

① $64 - 4 =$ □　② $39 - 5 =$ □

③ $46 - 3 =$ □　④ $29 - 9 =$ □

⑤ $64 - 2 =$ □　⑥ $57 - 7 =$ □

⑦ $78 - 5 =$ □

⑧ $89 - 2 =$ □

この　ちょうしで
うらへ　すすもう！

3 ひきざんを　しましょう。

①〜④1つ2てん，⑤〜㉔1つ3てん【68てん】

① 30 − 20　② 31 − 1

③ 35 − 3　④ 93 − 1

⑤ 54 − 4　⑥ 50 − 30

⑦ 48 − 3　⑧ 48 − 8

⑨ 86 − 5　⑩ 75 − 5

⑪ 60 − 20　⑫ 69 − 8

⑬ 59 − 1　⑭ 80 − 40

⑮ 82 − 2　⑯ 76 − 4

⑰ 100 − 50　⑱ 69 − 9

⑲ 87 − 6　⑳ 70 − 40

㉑ 90 − 60　㉒ 47 − 2

㉓ 68 − 2　㉔ 100 − 30

大(おお)きな　かずの　ひきざんも　ばっちりだね。

こたえ ▶ 88ページ

大きな　かずの　ひきざん

35 大きな　かずの　ひきざんの　れんしゅう②

月　日

10 ぷん

とくてん

てん

1 ひきざんを　しましょう。

1つ2てん【36てん】

① 50 − 20 = □

② 90 − 40 = □

③ 60 − 30 = □

④ 80 − 20 = □

⑤ 90 − 70 = □

⑥ 100 − 70 = □

⑦ 46 − 6 = □

⑧ 63 − 3 = □

⑨ 59 − 9 = □

⑩ 37 − 7 = □

⑪ 47 − 1 = □

⑫ 69 − 3 = □

⑬ 27 − 4 = □

⑭ 58 − 7 = □

⑮ 36 − 2 = □

⑯ 97 − 5 = □

⑰ 79 − 7 = □

⑱ 88 − 4 = □

2 ひきざんを　しましょう。

①〜⑧1つ2てん，⑨〜㉔1つ3てん【64てん】

① 42 − 1

② 51 − 1

③ 40 − 10

④ 95 − 4

⑤ 84 − 4

⑥ 80 − 10

⑦ 57 − 3

⑧ 39 − 8

⑨ 45 − 5

⑩ 70 − 20

⑪ 98 − 8

⑫ 28 − 3

⑬ 86 − 4

⑭ 100 − 20

⑮ 50 − 30

⑯ 69 − 6

⑰ 72 − 2

⑱ 84 − 3

⑲ 90 − 50

⑳ 66 − 6

㉑ 59 − 2

㉒ 60 − 40

㉓ 78 − 6

㉔ 100 − 40

まちがえた　けいさんは
やりなおそうね。

つぎは　パズル（ぱずる）で，さいごは　まとめテスト（てすと）だよ。

こたえ ▶ 88ページ

36 さんすう パズル ［なにが　あったかな？］

1 おなじ　こたえの　かだんを　——(せん)で　つなぎましょう。
つないだ　かだんに　あった　はなは　どれかな？
★と　★を　——(せん)で　つなぎましょう。

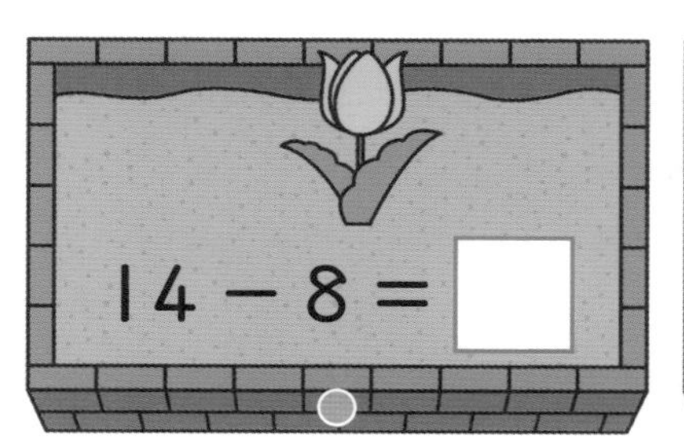

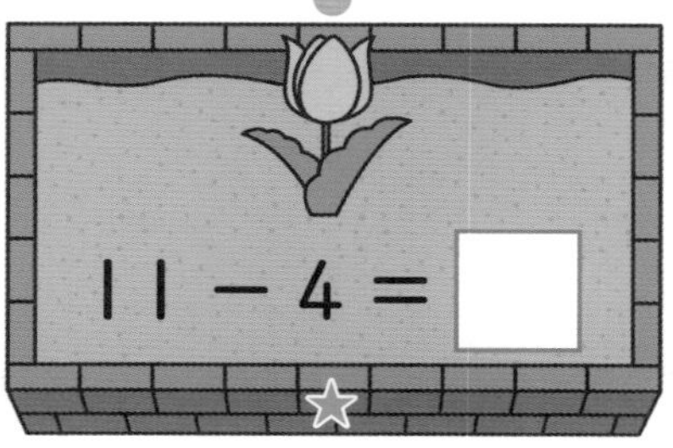

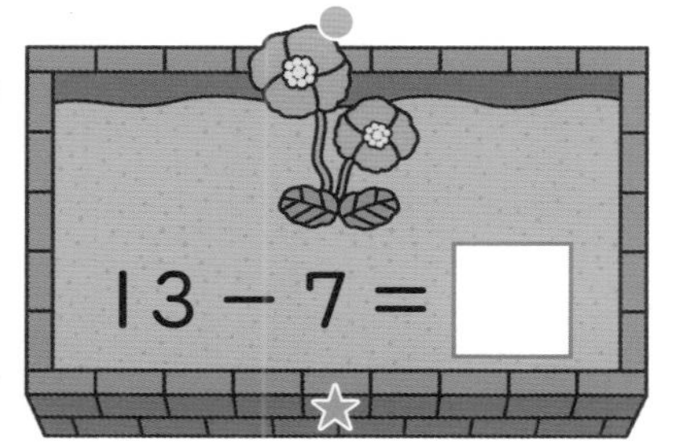

2 おなじ　こたえの　いけを　——で　つなぎましょう。
つないだ　いけに　いた　いきものは　どれかな？
★と　★を　——で　つなぎましょう。

こたえ ▶ 88ページ

37 まとめテスト

なまえ

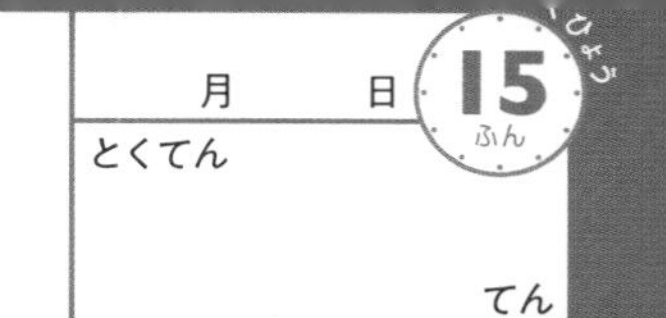

1 ひきざんを　しましょう。　1つ2てん【16てん】

① 5－3　② 8－5

③ 10－6　④ 7－0

⑤ 2－2　⑥ 18－8

⑦ 16－2　⑧ 19－3

2 けいさんを　しましょう。　1つ2てん【8てん】

① 9－2－4　② 11－1－5

③ 10－8＋4　④ 7＋3－2

3 ひきざんを　しましょう。　1つ2てん【12てん】

① 11－8　② 14－9

③ 12－4　④ 15－6

⑤ 14－7　⑥ 12－6

4 ひきざんを　しましょう。　1つ2てん【12てん】

① 70－20　② 100－40

③ 23－3　④ 77－7

⑤ 45－2　⑥ 98－6

5 けいさんを　しましょう。　　1つ2てん【52てん】

① 9 − 8　　② 9 − 6 + 4

③ 6 − 0　　④ 13 − 8

⑤ 9 − 1 − 4　　⑥ 6 − 4

⑦ 70 − 30　　⑧ 9 − 9

⑨ 8 − 3　　⑩ 15 − 5 − 3

⑪ 18 − 7　　⑫ 9 − 7

⑬ 14 − 8　　⑭ 74 − 4

⑮ 16 − 6　　⑯ 18 − 9

⑰ 89 − 4　　⑱ 11 − 7

⑲ 4 + 6 − 7　　⑳ 14 − 5

㉑ 65 − 5　　㉒ 13 − 6

㉓ 15 − 7　　㉔ 38 − 2

㉕ 100 − 20　　㉖ 11 − 3

こたえ ▶ 88ページ

こたえとアドバイス

おうちの方へ

▶まちがえた問題は，何度も練習させましょう。
▶ アドバイス も参考に，お子さまに指導してあげてください。

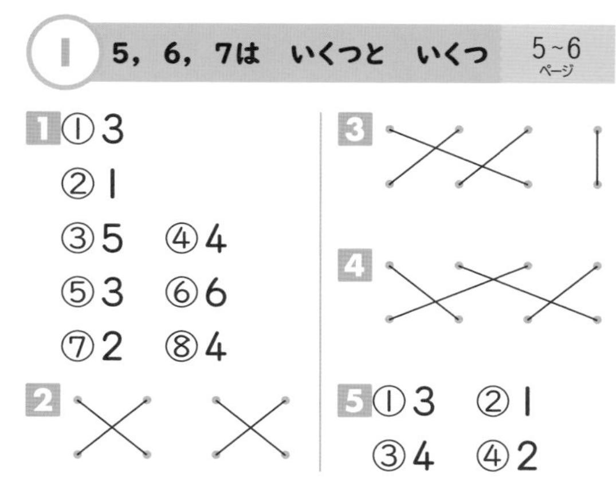

1　5，6，7は　いくつと　いくつ　5~6ページ

1 ①3
②1
③5　④4
⑤3　⑥6
⑦2　⑧4

2

3

4

5 ①3　②1
③4　④2

アドバイス　5，6，7のそれぞれの数の構成（いくつといくつ）を理解します。まちがいが多いようであれば，おはじきなどを与えて，もう一度考えさせましょう。

5　「5は2といくつ」という分解の見方と，「2といくつで5」という合成の見方のどちらで考えてもよいです。合成と分解は表裏の関係になりますが，数をこの両面から見ることで，数の見方が深められていきます。**2**～**4**についても同様に，どちらの見方で考えてもよいです。

2　8，9，10は　いくつと　いくつ　7~8ページ

1 ①3
②6
③1　④4
⑤3　⑥5
⑦9　⑧7

2

3

4

5 ①5　②9
③7　④6

アドバイス　8，9，10のそれぞれの数の構成を理解します。特に10の構成は，10になると次の位へくり上がるという，十進法の理解の基礎になるだけでなく，後半に学習するくり下がりのあるひき算の仕方を考えるときに重要になります。十分に練習させておきましょう。

2，**4**，**5**　数字と数との結びつきの理解が不十分な場合，数字だけで考えることは難しいものです。この場合もおはじきなどの具体物を与えて考えさせましょう。

3　たしざんの　おさらい　9~10ページ

1 ①5
②6　③5
④6　⑤7

2 ①9
②7　③8
④8　⑤9
⑥10　⑦10

3 ①3　②7
③4　④8
⑤8　⑥9
⑦4　⑧9
⑨4　⑩7
⑪5　⑫5
⑬8　⑭6
⑮8　⑯10
⑰9　⑱10
⑲7　⑳10

アドバイス　ひき算に入る前に，答えが10以内のたし算が身についているか確かめます。

3　それぞれの数字の表す数をイメージして計算できることが望ましいですが，無理なようであれば，おはじきなどを与えて考えさせましょう。

4 ひきざんの　しかた① 11~12ページ

1 ①2
②3　③2
④4　⑤1
⑥1　⑦1

2 ①5
②5　③3
④5　⑤2

3 ①3　②1
③3　④1
⑤2　⑥2
⑦2　⑧4

4 ①5　②4
③5　④5
⑤2　⑥5
⑦1　⑧3

アドバイス　ここからは，ひかれる数が10以内のひき算の学習です。はじめは，5以下の数どうしのひき算と，5をひくひき算，答えが5になるひき算の学習です。はじめてのひき算なので，「ひき算」という言葉や式の読み方も，しっかり理解させましょう。

3，**4**　ブロックの図がないものは，それぞれの数をイメージして計算できることが望ましいですが，この段階ではおはじきなどを使って答えを求めさせてもよいでしょう。

5 ひきざんの　しかた② 13~14ページ

1 ①6
②7　③7
④8　⑤6

2 ①3
②4　③2
④4　⑤4
⑥3

3 ①6　②7
③8　④6
⑤7　⑥6

4 ①3　②3
③4　④4
⑤4　⑥2
⑦2　⑧3
⑨5　⑩5

アドバイス　ひかれる数が6から9，ひく数が5以下のひき算です。速さよりも正確さに重点をおかせましょう。

6 ひきざんの　しかた③ 15~16ページ

1 ①2
②3　③1
④1　⑤1

2 ①3
②4
③5
④2　⑤6

3 ①1　②3
③2　④2
⑤1　⑥1
⑦3　⑧7

4 ①7　②2
③5　④9
⑤3　⑥8
⑦4　⑧1

アドバイス　ひかれる数が6から10のひき算です。

ひき算は，「いくつといくつ」の知識を使って計算してもよいです。例えば「10−7」の場合，「10は7と3」だから，「10から7を取れば，3残る。」と考えられます。

7 ひきざんの　れんしゅう① 17~18ページ

1 ①3　②1
③2　④1
⑤2　⑥2
⑦3　⑧1

2 ①2　②5
③5　④1
⑤4　⑥5
⑦3　⑧5

3 ①8
②4
③7　④2
⑤3　⑥7
⑦6　⑧4

4 ①2　②6
③1　④2
⑤4　⑥1
⑦1　⑧5
⑨3　⑩7

アドバイス　ここからは，ひかれる数が10以内のひき算の練習です。

3，**4**　このページ以降の裏面の計算では，「＝」をつけて答えを書きます。忘れずに書くように指導してください。

8 ひきざんの　れんしゅう② 19~20ページ

1 ①1　②2　③1　④2　⑤5　⑥5　⑦1　⑧5

2 ①3　②6　③2　④6　⑤1　⑥4　⑦1　⑧3

3 ①3　②1　③3　④5　⑤3　⑥4　⑦6　⑧3　⑨6　⑩2　⑪1　⑫7　⑬7　⑭4　⑮9　⑯2　⑰1　⑱1　⑲2　⑳4　㉑3　㉒4　㉓8　㉔8

アドバイス　式を見ながら頭の中でブロックを操作して，答えを求められるように練習させましょう。また，苦手なひき算をチェックしてやり直させ，少しずつ減らしていきながら，すべてのひき算が正しくできるようになることを目標に取り組ませましょう。

9 ひきざんの　れんしゅう③ 21~22ページ

1 ①2　②6　③2　④1　⑤5　⑥1　⑦5　⑧1　⑨4　⑩3　⑪4　⑫4　⑬9　⑭5　⑮4　⑯7　⑰6　⑱1

2 ①1　②1　③5　④5　⑤6　⑥6　⑦2　⑧1　⑨2　⑩8　⑪7　⑫3　⑬2　⑭3　⑮3　⑯7　⑰3　⑱2　⑲8　⑳3　㉑4　㉒4　㉓1　㉔2

アドバイス　式を見たら，ブロックをイメージすることなく，反射的に答えが出るようになることが最終の目標です。しっかり練習させましょう。

10 ひきざんの　れんしゅう④ 23~24ページ

1 ①7　②5　③2　④6　⑤1　⑥6　⑦7　⑧2　⑨4　⑩6　⑪5　⑫4　⑬3　⑭2　⑮2　⑯3　⑰2　⑱6

2 ①3　②9　③1　④1　⑤1　⑥2　⑦2　⑧4　⑨1　⑩8　⑪1　⑫3　⑬5　⑭1　⑮3　⑯7　⑰4　⑱4　⑲5　⑳2　㉑1　㉒1　㉓3　㉔7

11 さんすうパズル 25~26ページ

1 ねこと花

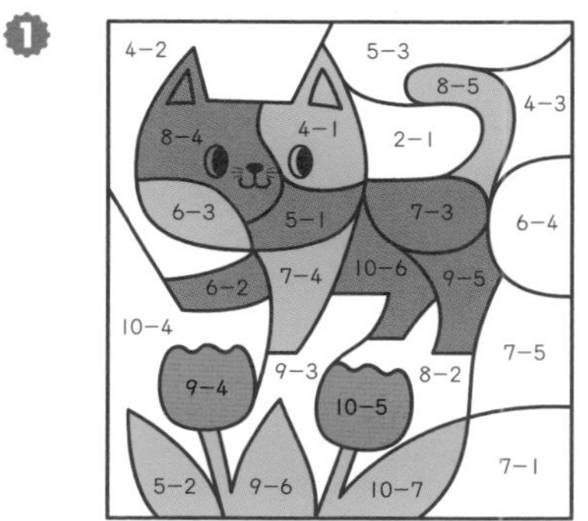

2

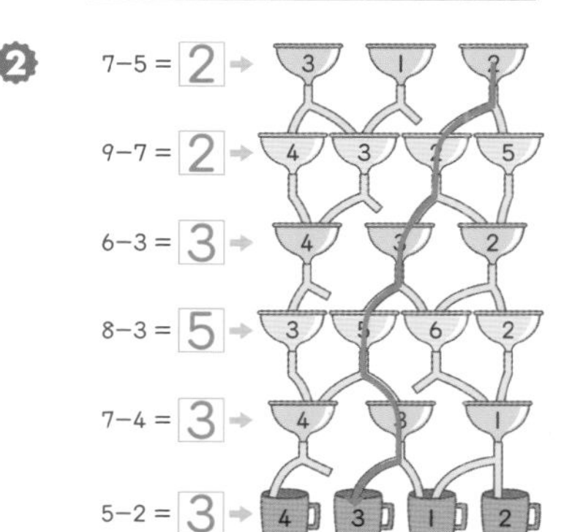

12 0の　けいさんの　しかた　27~28ページ

1 ①2
②1
③0

2 ①1
②0
③0
④2

3 ①1　②3
③5　④7
⑤6　⑥4
⑦8　⑧0

4 ①0　②4
③0　④3
⑤0　⑥6
⑦1　⑧0
⑨0　⑩0

アドバイス　0を含むたし算とひき算の学習です。まず，「1つもない」ことを「0」と表すこと，0を含む場合もたし算やひき算の式に表せることを確認させましょう。

0を含むたし算やひき算は，次のようなタイプがあります。

〔たし算〕　2+0，0+2，0+0
〔ひき算〕　2−0，2−2，0−0

0−2のようなひき算は，小学校では扱いません。

計算では，皿にあるりんごの数など，具体的な場面をもとにして考えさせましょう。

13 20までの　かずの　ひきざんの　しかた①　29~30ページ

1 ①12　②16
③2　④10

2 ①10　②10
③10　④10
⑤10　⑥10

3 ①15　②19
③3　④10
⑤8　⑥10

4 ①10
②10
③10　④10
⑤10　⑥10
⑦10　⑧10

アドバイス　1は，「10といくつで10いくつ」という，20までの数の構成の学習です。2の計算や，次の14回の計算は，この20までの数の構成をもとにして考えます。よく理解させておくことが大切です。

2は，「10いくつ−いくつ=10」の計算です。計算の仕方を言葉で説明すると，例えば①では次のようになります。

❶12は10と2。
❷12から2をひくと，残りは10。

形式的には計算ですが，20までの数の構成の理解を深めることが大きなねらいでもあります。

14 20までの　かずの　ひきざんの　しかた②　31~32ページ

1 ①13
②12　③15
④11

2 ①13　②14
③11　④11

3 ①13　②11
③17　④12
⑤17　⑥13
⑦12　⑧11
⑨14　⑩15
⑪11　⑫12
⑬16　⑭13
⑮12　⑯16

アドバイス　「10いくつ−1けたの数=10いくつ」の計算です。端数だけひき算をすれば，「10といくつで10いくつ」という20までの数の構成をもとにして計算できることをよく理解させましょう。これらの計算は，ひかれる数が10以内のひき算が必要なため，まちがいが少し多くなります。注意して計算をさせ，まちがえた場合はもう一度よく考えさせましょう。

15 20までの　かずの　ひきざんの　れんしゅう 33~34ページ

1 ①10 ②10 ③10 ④10 ⑤10 ⑥10

2 ①14 ②12 ③11 ④14 ⑤12 ⑥14 ⑦18 ⑧11 ⑨12 ⑩15

3 ①13 ②14 ③10 ④11 ⑤17 ⑥10 ⑦13 ⑧16 ⑨10 ⑩13 ⑪17 ⑫12 ⑬11 ⑭14 ⑮11 ⑯13 ⑰13 ⑱10 ⑲15 ⑳11

アドバイス　20までの数のひき算の練習です。3のように，13回と14回の式のタイプが混じっていると，答えが10になるタイプの計算でまちがえやすくなります。注意させましょう。

16 3つの　かずの　ひきざんの　しかた 35~36ページ

1 ①4 ②3 ③4 ④3 ⑤2

2 ①6 ②5 ③8 ④3 ⑤7

3 ①2 ②4 ③3 ④1 ⑤2 ⑥2 ⑦4 ⑧3 ⑨3 ⑩1 ⑪2 ⑫3

4 ①2 ②4 ③1 ④3 ⑤9 ⑥6

アドバイス　3つの数のひき算の学習です。

3つの数の計算は，前から順に計算していくことが原則です。はじめの2つの数のひき算の答えを式の近くに書いてから，残りの数をひくようにするとよいです。

2「12−2」のような，「10いくつ−いくつ=10」の計算を含んだ3つの数のひき算です。この計算は，13回で学習しているので，まちがいが多いようであれば戻って復習させましょう。

17 3つの　かずの　けいさんの　しかた 37~38ページ

1 ①5 ②7 ③8 ④5 ⑤8

2 ①6 ②5 ③2 ④5 ⑤6

3 ①4 ②3 ③8 ④6 ⑤7 ⑥9 ⑦7 ⑧8 ⑨9 ⑩8

4 ①6 ②2 ③2 ④7 ⑤5 ⑥1 ⑦3 ⑧4

アドバイス　ひき算とたし算が混じった3つの数の計算です。3つの数のひき算と同様に，はじめの2つの数の計算の答えを式の近くに書いてから，残りの数との計算をさせましょう。

18 3つの　かずの　けいさんの　れんしゅう① 39~40ページ

1 ①2 ②3 ③4 ④6 ⑤3 ⑥4 ⑦7 ⑧8

2 ①6 ②10 ③7 ④6 ⑤5 ⑥2 ⑦2 ⑧7

3 ①3 ②4 ③2 ④3 ⑤2 ⑥9 ⑦2 ⑧3 ⑨5 ⑩6

4 ①8 ②3 ③2 ④9 ⑤9 ⑥7 ⑦1 ⑧8 ⑨4 ⑩7

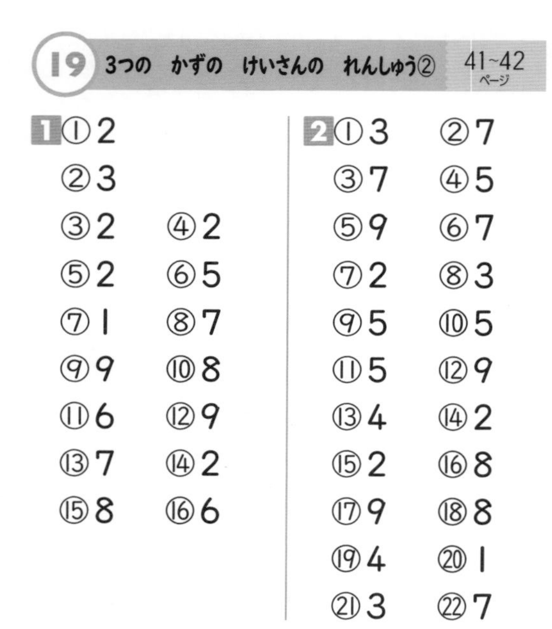

19 3つの　かずの　けいさんの　れんしゅう② 41~42ページ

1 ①2 ②3 ③2 ④2 ⑤2 ⑥5 ⑦1 ⑧7 ⑨9 ⑩8 ⑪6 ⑫9 ⑬7 ⑭2 ⑮8 ⑯6

2 ①3 ②7 ③7 ④5 ⑤9 ⑥7 ⑦2 ⑧3 ⑨5 ⑩5 ⑪5 ⑫9 ⑬4 ⑭2 ⑮2 ⑯8 ⑰9 ⑱8 ⑲4 ⑳1 ㉑3 ㉒7

アドバイス　3つの数の計算の練習です。ひくのかたすのかに注意して，1つ1つの計算を確実に行わせましょう。

20 さんすうパズル 43~44ページ

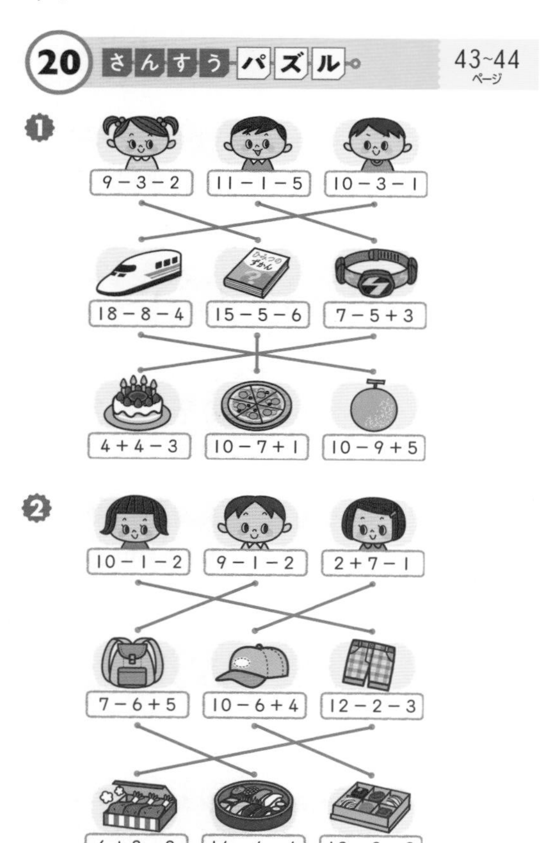

21 くり下がりの　ある　ひきざんの　しかた① 45~46ページ

1 ①3 ②4 ③6 ④2 ⑤5 ⑥7 ⑦8

2 ①5 ②4 ③7 ④3 ⑤6

3 ①8 ②9 ③4 ④7 ⑤6 ⑥9

アドバイス　ここからは，くり下がりのあるひき算の学習です。ここでは，9や8をひく計算です。

まず，計算の仕方をよく理解させましょう。10いくつのいくつからはひけないので，10いくつの10からひき，それに残った数をたして答えを求めます。この計算の仕方は，ひいてたすことから，「減加法」といいます。

22 くり下がりの　ある　ひきざんの　しかた② 47~48ページ

1 ①5 ②4 ③7

2 ①5 ②7 ③6

3 ①5 ②6 ③9 ④8 ⑤5 ⑥7 ⑦9 ⑧8

4 ①5 ②3 ③6 ④3 ⑤4 ⑥4 ⑦4 ⑧5 ⑨2 ⑩7

アドバイス　ひく数が主に7や6のときのくり下がりのあるひき算です。

計算の仕方は21回と同じで，例えば2の①は次のように計算します。

❶11を10と1に分ける。
❷10から6をひいて4。
❸4と1で5。

23 くり下がりの　ある　ひきざんの　しかた③　49~50ページ

1 ①9
②9
③8　④8
⑤8　⑥9

2 ①7　②7
③9　④9
⑤8　⑥9
⑦9　⑧8
⑨8　⑩8
⑪7　⑫7
⑬9　⑭7
⑮7　⑯8
⑰8　⑱8
⑲9　⑳9

アドバイス　ひかれる数の一の位の数とひく数のちがいが3以下の場合のくり下がりのあるひき算です。

1の①のように，計算の仕方は2通りあります。ⓐは，21・22回と同じ減加法です。ⓘは，まず10いくつのいくつをひき，残りを10からひく方法です。この計算の仕方は，ひいてさらにひくことから，「減々法」といいます。自分が計算しやすいほうで計算してよいことを指導してください。

24 くり下がりの　ある　ひきざんの　れんしゅう①　51~52ページ

1 ①3　②4
③5　④6
⑤5　⑥5
⑦5　⑧4

2 ①8　②8
③9　④9
⑤7
⑥9

3 ①2　②9
③4　④6
⑤7　⑥6
⑦9　⑧3
⑨8　⑩9
⑪6　⑫7
⑬7　⑭8
⑮7　⑯8
⑰9　⑱7
⑲9　⑳6

アドバイス　くり下がりのあるひき算の練習です。

ひかれる数の一の位の数とひく数のちがいが，1は大きい場合，2は小さい場合のひき算です。1は減加法，2は減々法が向いていますが，強要するものではありません。考えやすいほうで計算させてください。まちがいが多いようであれば，減加法で統一して計算させるとよいです。

25 くり下がりの　ある　ひきざんの　れんしゅう②　53~54ページ

1 ①6　②6
③5　④4
⑤5　⑥6
⑦2　⑧4

2 ①8　②9
③9　④9
⑤9　⑥9
⑦8　⑧8

3 ①5　②8
③8　④7
⑤3　⑥8
⑦9　⑧3
⑨7　⑩9
⑪7　⑫4
⑬6　⑭7
⑮9　⑯8
⑰5
⑱7

アドバイス　前回と同じく，1は減加法，2は減々法が向いているひき算です。

例えば2の①で，11から数えて「10，9，8」と数えひきをして答えを求めている場合があります。計算に時間がかかっている場合は，この数えひきをしていることが多いようです。今後の複雑な計算に対応できなくなってしまうので，計算の仕方に合わせておはじきなどを操作させるなどして，早めに減加法か減々法へと導いてください。

26 くり下がりの　ある　ひきざんの　れんしゅう③　55~56ページ

1 ①7　②8　③2　④5　⑤8　⑥7　⑦9　⑧5　⑨8　⑩7　⑪9　⑫7　⑬7　⑭8　⑮3　⑯3

2 ①4　②6　③4　④6　⑤9　⑥4　⑦8　⑧9　⑨6　⑩7　⑪6　⑫9　⑬8　⑭5　⑮6　⑯9　⑰9　⑱5　⑲8　⑳9　㉑5　㉒9

アドバイス　1年生で習うくり下がりのあるひき算は，全部で36通りありますが，よくまちがえる計算は限られてきているはずです。どの問題でまちがえるのかチェックしてやり直させましょう。そして，苦手なひき算を少しずつ減らしていきながら，すべてのひき算ができるようになることを目標にして練習させましょう。

27 くり下がりの　ある　ひきざんの　れんしゅう④　57~58ページ

1 ①4　②8　③9　④6　⑤3　⑥9　⑦8　⑧5　⑨5　⑩8　⑪8　⑫9　⑬4　⑭4　⑮9　⑯6　⑰3　⑱5

2 ①2　②7　③7　④9　⑤9　⑥7　⑦6　⑧9　⑨6　⑩6　⑪5　⑫7　⑬7　⑭8　⑮9　⑯8　⑰8　⑱5　⑲9　⑳7

28 くり下がりの　ある　ひきざんの　れんしゅう⑤　59~60ページ

1 ①5　②8　③7　④5　⑤4　⑥3　⑦9　⑧8　⑨6　⑩6　⑪5　⑫9　⑬7　⑭3　⑮9　⑯6

2 ①8　②9　③5　④7　⑤4　⑥6　⑦9　⑧9　⑨7　⑩9　⑪4　⑫8　⑬9　⑭6　⑮8　⑯7　⑰5　⑱8　⑲9　⑳2　㉑9　㉒6　㉓8　㉔7

29 くり下がりの　ある　ひきざんの　れんしゅう⑥　61~62ページ

1 ①7　②8　③7　④9　⑤4　⑥4　⑦8　⑧9　⑨7　⑩6　⑪9　⑫2　⑬6　⑭5　⑮9　⑯8　⑰8　⑱4

2 ①8　②8　③7　④6　⑤3　⑥9　⑦9　⑧4　⑨3　⑩8　⑪7　⑫5　⑬5　⑭7　⑮7　⑯6　⑰6　⑱5　⑲8　⑳9　㉑5　㉒9　㉓8　㉔6

アドバイス　くり下がりのあるひき算は，くり上がりのあるたし算とともに今後の計算の基礎となる重要な技能です。他の毎日のドリルなども使って，継続して練習させ，習熟・定着をめざさせましょう。

30 なん十の　ひきざんの　しかた　63~64ページ

1 ①30
②30　③40
④50

2 ①10　②20
③40　④20

3 ①20　②30
③40　④40
⑤10　⑥50
⑦30　⑧50
⑨20　⑩60
⑪30　⑫10
⑬20　⑭10
⑮60　⑯20

アドバイス　何十や100から何十をひく計算です。10の束がいくつかを考えれば，くり下がりのないひき算をもとにして計算できます。例えば1の①の計算の仕方を言葉で表すと，次のようになります。

❶50−20は，10の束が5−2で3個。
❷10の束が3個で30。

1　④では，100を10の束10個と考えれば，「10−5」の計算をもとにして求められます。以降の計算でも，100には注意させましょう。

31 なん十の　ひきざんの　れんしゅう　65~66ページ

1 ①50　②10
③20　④10
⑤20　⑥60
⑦40　⑧50
⑨10　⑩30
⑪40　⑫70
⑬80
⑭30

2 ①40　②40
③30　④20
⑤10　⑥30
⑦50　⑧80
⑨20　⑩90
⑪20　⑫10
⑬70　⑭40
⑮60　⑯60
⑰60　⑱10
⑲30　⑳40
㉑30　㉒70

32 100までの　かずの　ひきざんの　しかた　67~68ページ

1 ①30
②40　③60

2 ①22
②43　③63
④51　⑤82

3 ①20　②40
③70　④50
⑤30　⑥80

4 ①32　②54
③61　④82
⑤21　⑥91
⑦56　⑧62
⑨76　⑩93

アドバイス　「何十いくつ−いくつ=何十」と「何十いくつ−1けたの数=何十いくつ」の計算です。13・14回では，「12−2」や「18−5」などを学習しており，数こそ大きくなりますが，計算の考え方は同じです。形式的には計算ですが，100までの数の構成の理解を深めることがねらいになります。

1　例えば②の計算で，「43−3=4」と，十の位の数字をそのまま答えるまちがいがあります。「43は40と3」という数の構成を確認させましょう。

33 100までの　かずの　ひきざんの　れんしゅう　69~70ページ

1 ①30　②20
③50　④90
⑤60　⑥70

2 ①24　②32
③57　④81
⑤74　⑥65
⑦44
⑧93

3 ①40　②45
③34　④62
⑤26　⑥20
⑦81　⑧76
⑨60　⑩91
⑪90　⑫43
⑬52　⑭30
⑮75　⑯70
⑰80　⑱63
⑲50　⑳92
㉑84　㉒51

34 大きな　かずの　ひきざんの　れんしゅう①　71~72ページ

1 ①50　②20
③10　④40
⑤20　⑥40
⑦10　⑧80

2 ①60　②34
③43　④20
⑤62　⑥50
⑦73
⑧87

3 ①10　②30
③32　④92
⑤50　⑥20
⑦45　⑧40
⑨81　⑩70
⑪40　⑫61
⑬58　⑭40
⑮80　⑯72
⑰50　⑱60
⑲81　⑳30
㉑30　㉒45
㉓66　㉔70

アドバイス　何十や100から何十をひく計算と，何十いくつから1けたの数をひく計算の練習です。

3　いろいろな計算が混じっていると，まちがいが多くなります。1つ1つていねいに計算させましょう。

35 大きな　かずの　ひきざんの　れんしゅう②　73~74ページ

1 ①30　②50
③30　④60
⑤20　⑥30
⑦40　⑧60
⑨50　⑩30
⑪46　⑫66
⑬23　⑭51
⑮34　⑯92
⑰72　⑱84

2 ①41　②50
③30　④91
⑤80　⑥70
⑦54　⑧31
⑨40　⑩50
⑪90　⑫25
⑬82　⑭80
⑮20　⑯63
⑰70　⑱81
⑲40　⑳60
㉑57　㉒20
㉓72
㉔60

36 さんすうパズル　75~76ページ

1

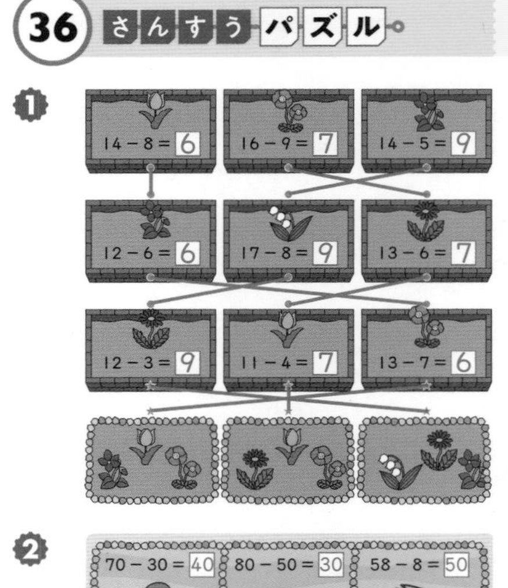

2

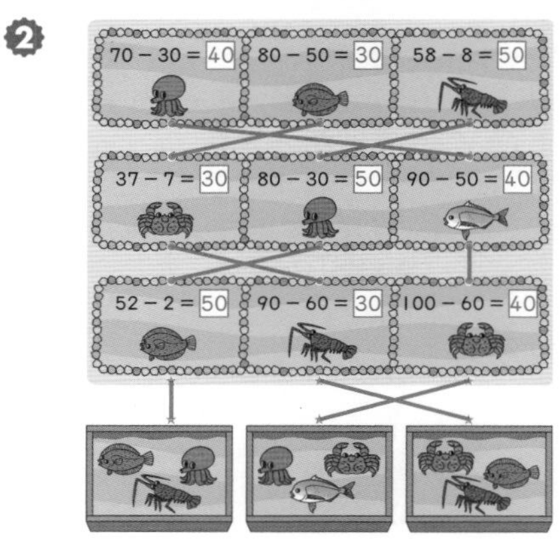

37 まとめテスト　77~78ページ

1 ①2　②3
③4　④7
⑤0　⑥10
⑦14　⑧16

2 ①3　②5
③6　④8

3 ①3　②5
③8　④9
⑤7　⑥6

4 ①50　②60
③20　④70
⑤43　⑥92

5 ①1　②7
③6　④5
⑤4　⑥2
⑦40　⑧0
⑨5　⑩7
⑪11　⑫2
⑬6　⑭70
⑮10　⑯9
⑰85　⑱4
⑲3　⑳9
㉑60　㉒7
㉓8　㉔36
㉕80　㉖8